北方葡萄提质增效关键技术

李峰　主编

中国农业大学出版社
·北京·

内 容 简 介

本书共包括 8 章，主要内容有葡萄品种的筛选及应用、设施葡萄高干水平棚架整形栽培技术、冷棚葡萄抗寒栽培架式及组合、设施葡萄树体更新方法、土壤肥料与营养、葡萄缺素症及防治、温室葡萄常见病虫害及防治、温室葡萄一年两熟技术等。作者在尊重传统编写体系的同时，力争有所创新，将部分专利技术与科技成果融入其中，以期解决葡萄生产中的部分问题。该书可为葡萄果农、农技推广员提供参考。

图书在版编目 （CIP） 数据

北方葡萄提质增效关键技术 / 李峰主编 . --北京：中国农业大学出版社，2024.8. --ISBN 978-7-5655-3278-8

Ⅰ.S663.1

中国国家版本馆 CIP 数据核字第 20249SP825 号

书　　名　北方葡萄提质增效关键技术
作　　者　李峰　主编

策划编辑　李卫峰　　　　　　　　　　责任编辑　李卫峰
封面设计　中通世奥图文设计
出版发行　中国农业大学出版社
社　　址　北京市海淀区圆明园西路 2 号　　邮政编码　100193
电　　话　发行部 010-62733489，1190　　读者服务部 010-62732336
　　　　　编辑部 010-62732617，2618　　出　版　部 010-62733440
网　　址　http://www.caupress.cn　　　　E-mail　cbsszs@cau.edu.cn
经　　销　新华书店
印　　刷　河北朗祥印刷有限公司
版　　次　2024 年 11 月第 1 版　　2024 年 11 月第 1 次印刷
规　　格　148 mm×210 mm　　32 开本　　3.625 印张　　97 千字
定　　价　38.00 元

编委会

序

　　葡萄是我国重要的果树品种之一，是多年生落叶藤本果树，栽培历史悠久。葡萄营养价值丰富，用途广泛，在世界水果生产中占有重要地位。我国是葡萄生产大国，2019 年葡萄种植面积达 72.62 万 hm^2，产量达 1 419.54 万 t，栽培面积居世界第 2 位，产量居世界首位。葡萄产业已经成为我国许多地方的特色优势产业和农民增收致富的支柱产业。截至 2020 年 12 月 31 日，苹果、柑橘、香蕉、梨、葡萄、桃等 6 种果树共登记品种 476 个，其中葡萄登记品种 97 个，仅次于苹果，居果树登记第 2 位。

　　随着人民生活水平的提高，高档水果的需求量越来越大，葡萄设施栽培是高端葡萄栽培的新方向和新趋势。我国葡萄设施栽培主要有 3 个发展方向：一是以早熟上市为目的的促早栽培，主要分布在北京、河北、辽宁、山东等地；二是以提高品质为目的的延迟采收，主要集中在甘肃省的兰州市、陕西省的延安市；三是以提高品质和扩展栽培区域及品种适应性的避雨栽培，主要集中在浙江、福建、上海。2009 年起，在北京市的延庆、昌平、房山等地开始进行温室葡萄一年两熟栽培试验，2012 年推广设施葡萄栽培面积达 1 000 余亩，实现了温室葡萄头茬在 5—6 月份上市、二茬在元旦春节采摘的栽培目标。

　　葡萄树是我国北方主要落叶果树中抗寒性较弱的树种之一，在极端最低温度低于−15℃地区可能发生不同程度的冻害。目前北方冬季严寒地带是我国葡萄基地的集中地区，但冻害发生频繁，无论是酿酒葡萄，还是鲜食葡萄都经常会遭受不同程度的低温伤害，损失严重，在一定程度上影响和制约了葡萄种植业的发展。

北方葡萄果园包括露地葡萄果园与设施葡萄果园两种不同类型。随着时间的流逝，一些葡萄果园出现了土壤肥力低下、品种老旧、栽培管理技术落后、葡萄产量与品质降低等现象，甚至沦为了低效果园。针对北方地区的露地与设施葡萄果园出现的种种不良现象，作者重点从露地葡萄与设施葡萄的抗寒栽培架式改良、品种更新改良及高效栽培技术研究、病虫害防控等 3 个研究方向，进行多项提质增效技术的实施与应用，有针对性地对北方露地葡萄果园与设施葡萄果园出现的问题，进行研究解决。

自 2012 年参加工作以来，主编李峰一直在北京延庆从事葡萄品种选育及栽培管理工作，发表技术论文 40 余篇，获得授权专利 10 项，登记科技成果 6 项，并获得"北京市优秀青年工程师"荣誉称号。为使广大果农进一步了解、掌握葡萄常规及先进栽培管理技术，提高现有的葡萄管理水平，促进果农增收，李峰在总结当地多年实践经验和近些年研究成果的基础上，带领编写人员编写了《北方葡萄提质增效关键技术》一书。作者在尊重传统编写体系的同时，力争有所创新，将部分专利技术与科技成果融入其中，以期解决葡萄生产中的部分问题。该书可为葡萄果农、农技推广员提供参考。

丁双六

2022 年 9 月

目 录

第1章

葡萄品种的筛选及应用 ◀◀◀

北方葡萄产业有悠久的历史，近年来整体发展水平进一步提高，但也存在一些问题：一是露地葡萄品种有待更新，名特优新品种偏少，早中晚熟品种搭配不当，导致葡萄淡季稀缺，旺季过剩，上市集中，缺乏市场竞争力，严重影响了葡萄种植户的积极性，导致出现了葡萄种植面积萎缩的现象。二是设施葡萄品种结构不合理，果农盲目引种，葡萄品种以欧美种偏多，欧亚种偏少；由于品系原因，在栽培管理中，欧美品种自身落花落果严重，导致产量偏低，管理难度大；此外，早中晚熟品种结构不合理、葡萄成熟上市时间未拉开，导致设施葡萄经济效益不高。

通过开展不同栽培环境栽植的葡萄品种筛选、研究及推广，可以丰富北方地区主栽葡萄品种的种类，尤其是可以选育和推广更多的抗寒、高产优良品种。葡萄优新品种的筛选与推广不仅可调整北方葡萄产区的葡萄品种结构，帮助果农拓宽销售产品种类，促进农村种植结构的调整，还可促进劳动力就业和农民增收。

1.1 适宜北方日光温室栽培葡萄品种的筛选及研究

设施葡萄栽培是一种有着较高经济效益的鲜食葡萄栽培模式，它的产生不仅加快了园艺植物产业化和农业生产现代化的进程，也满足了人们在不同季节对果品的需求。在经济日益发展的今天，设施葡萄栽培更是成为农民增收的一种手段，发展势头强劲。然而由于设施栽培环境与露地栽培环境的差异，一些在露地生产中发育正常的生理过程受到了影响，成了设施内制约葡萄顺利生长发育的关键。其中，设施葡萄不良的花芽分化状况对于其在设施产业中的发展影响最为明显，能否形成量多质优的花芽已成为设施葡萄栽培取得成功的关键。由于人们盲目引进品种，加之设施环境条件的限制和管理水平的欠缺，设施生产中隔年结果（大小年）现象时有发生，树体经济寿命缩短，栽培者的投入增大，使得设施的高投资没有了高回报，严重打击了种植者的积极性。

设施葡萄栽培在我国北方大部分地区主要是促早栽培和延迟栽培。露地栽培的葡萄一般并无成花不良现象，而在生产实际中，由于区域差异，同一品种在不同地区花芽分化有很大差别，比如吐鲁番的地方品种"无核白"到湿润气候的温带地区种植，花芽分化就很差。而在湿润地区结果良好的欧美杂交品种"巨峰"，栽植在气候干燥的吐鲁番则会出现比较严重落花落果现象。这说明同一品种在不同的地区或在同一地区不同的生长环境中，生长发育及结果性状都有很大的差异性。

葡萄是我国设施栽培的主要树种之一，在温室栽培中，品种的筛选非常重要。对以促早栽培为主要目的的葡萄设施栽培品种来说，首先，必须具备早熟性状好、品种优良、耐弱光、耐高空气湿度及需冷量低等特点。其次，果实应具备皮薄、味香、肉脆、粒大等特点。当前，我国温室葡萄栽培存在的主要问题是品种结构不合理，花色品种少，难以满足消费者的多样化需求。我国温室葡萄生产所用品种基本上是来自现有露地栽培的品种，对其温室栽培的适应性了解甚少，甚至有些品种不适合温室栽培，因此，日光设施葡萄适宜品种的评价与筛选已成为当务之急。近些年，通过对香妃、京艳、早黑宝、瑞都科美、亚历山大、京秀、早玛瑙、红芭拉蒂、无核翠宝、摩尔多瓦、火焰无核、克伦生等 12 个葡萄品种的物候期观测（表 1-1）、果实性状测定（表 1-2）与产量的调查分析（表 1-3）发现，香妃、京艳、早黑宝、瑞都科美、亚历山大、无核翠宝、摩尔多瓦、火焰无核、克伦生等 9 个葡萄品种更适宜在温室内栽植并推广。通过温室葡萄品种的筛选研究，可为果农提供更多的品种选择。

表 1-1 12 个葡萄品种在温室栽培条件下的物候期

品种	萌芽期 （月.日）	开花期 （月.日）	转色期 （月.日）	成熟期 （月.日）	生长时间/d
香妃	2.14	4.2	5.15	6.18	114
京艳	2.10	3.30	5.13	6.19	129
京秀	2.13	3.16	4.29	6.8	115
早玛瑙	2.10	3.12	4.24	5.29	108
早黑宝	2.20	3.26	5.1	6.4	104
瑞都科美	2.14	4.11	5.27	6.18	124
红芭拉蒂	2.6	3.22	5.6	6.2	116
亚历山大	5.2	6.8	8.13	10.2	153
无核翠宝	2.21	3.28	5.15	6.23	122
摩尔多瓦	3.1	4.20	5.25	9.3	186
火焰无核	2.15	3.20	5.10	6.10	115
克伦生	4.17	5.15	7.1	9.13	151

表 1-2 12 个葡萄品种的果实性状

品种	单穗重/g	单粒重/g	可溶性固形物含量/%	果皮颜色	果粒形状	平均每株果穗数/个	果实横径/mm	果实纵径/mm	果实香味
香妃	595	8.2	18.0	黄绿	圆	37	23.41	24.53	玫瑰香味
京艳	592	9.5	20.2	紫红	长椭圆	32	21.39	26.10	玫瑰香味
京秀	532	6.2	17.6	红	椭圆	25	20.8	25.41	无
早玛瑙	384	4.3	19.5	紫红	鸡心形	40	16.75	23.34	无

续表 1-2

品种	单穗重/g	单粒重/g	可溶性固形物含量/%	果皮颜色	果粒形状	平均每株果穗数/个	果实横径/mm	果实纵径/mm	果实香味
早黑宝	530	6.7	21	紫黑	圆	28	20.58	24.07	玫瑰香味
瑞都科美	520	8.0	19.3	黄绿	椭圆	43	21.50	29.70	玫瑰香味
红芭拉蒂	813	8.8	16.8	红	长椭圆	30	22.70	29.17	无
亚历山大	600	8.0	21	黄绿	圆	40	21.75	27.11	玫瑰香味
无核翠宝	318	3.4	18	黄绿	圆	30	16.11	16.13	玫瑰香味
摩尔多瓦	430	6.8	18	黑色	椭圆	28	18.01	29.09	无
火焰无核	375	3.7	21	红	圆	31	17.50	17.98	无
克伦生	390	3.5	18	红	椭圆	28	12.24	16.48	无

表 1-3　12 个葡萄品种的产量与经济效益

品种	产量/(kg/亩)			三年平均产量(kg/亩)	平均采购价/(元/kg)	年均产值/(元/亩)
	2017 年	2018 年	2019 年			
香妃	1 024	1 164	1 221	1 136	80	90 880
京艳	988	1 006	1 042	1 012	80	80 960
京秀	1 000	1 100	1 210	1 103	40	44 120
早玛瑙	802	830	842	815	60	48 900
早黑宝	775	796	814	795	80	63 600

续表 1-3

品种	产量/（kg/亩）			三年平均产量(kg/亩)	平均采购价/(元/kg)	年均产值/(元/亩)
	2017 年	2018 年	2019 年			
瑞都科美	1 085	1 104	1 163	1 117	80	89 360
红芭拉蒂	1 156	1 184	1 261	1 200	40	48 000
亚历山大	1 093	1 205	1 320	1 206	60	72 360
无核翠宝	467	479	486	477	80	38 160
摩尔多瓦	592	625	614	610	60	36 600
火焰无核	523	576	593	564	60	33 840
克伦生	510	535	557	534	60	32 040

1.2　温室葡萄栽培管理关键技术

1.2.1　温室葡萄休眠

葡萄的休眠期一般是自秋季落叶后至翌年春季树液流动时止，其中需冷量是制约果树休眠开始和解除的一个重要因子。果树的生理性休眠可经过一定的低温过程自然打破，这种特性称为需冷性。一般情况下，将 7.2℃ 的温度称为有效的冷温。果树需在该条件下经历若干小时的低温以打破生理性休眠。

在北方 11 月或 12 月将温室棉被放下，将温室温度维持在低于 7.2℃ 的环境，人工创造出葡萄休眠的环境，此时葡萄树体可以带叶休眠。与传统去叶休眠相比，采取带叶休眠的葡萄植株能提前解除休眠，且葡萄花芽质量显著改善。因此，在人工集中预冷过程中，一定要采取带叶休眠的措施，不应采取人工摘叶或化学去叶的方法，即在叶片未受霜冻伤害时扣棚，开始进行带叶休眠。随后使得葡萄进入生理性休眠。在葡萄休眠期间，保持温室内绝大部分时间气温维持在 5～8℃，一方面温室内的温度能保持在利于解除休眠的温度范围内，另一方面避免地温过低，以利于升温时气温与地温协调一致。

1.2.2 破眠

在温室葡萄促早栽培过程中，葡萄进入深休眠后，只有休眠解除即满足品种的需冷量后才能开始加温，否则过早升温会引起不萌芽或萌芽延迟且不整齐。新梢生长不一致、花序退化、浆果产量和品质下降等问题。因此，在促早栽培中，我们常采取一定措施，使葡萄休眠提前解除，以便提早进行促早栽培生产。在生产中常采用人工集中预冷的物理措施或化学破眠的人工破眠技术措施达到这一目的。生产中，在满足温室葡萄品种的需冷量后，可进行葡萄树体的修剪、破眠。破眠剂可选用石灰氮或单氰胺，用毛笔蘸取破眠剂并涂抹冬芽，随后进行土壤灌水。

1.2.3 科学肥水管理

要做好温室葡萄的科学施肥，应以施用有机肥为主，努力提高土壤有机质含量，这是保持树体健壮，增强抗病能力，提高果品质量的基础。注重增施磷钾肥，维持叶片功能和提高植株抗寒能力。温室葡萄果实采摘结束后，及时开沟施入有机肥搭配氮磷钾肥，以促进树体树势恢复，并为下茬积累营养。在温室葡萄生产中应注重"四肥六水"，"四肥"即萌芽肥、幼果膨大期肥、果实转色至成熟肥与基肥；"六水"指萌芽水、花前水、幼果膨大期水、幼果期至成熟水、采后水和封冻水。在水肥调控增强树体抗性栽培措施方面，采用"前促后控、有机为主、控氮补钾"的技术措施。

温室葡萄品种的高效栽培管理在肥料施用上采用"一基、二翻、三穴、四喷"的方法。"一基"即施一次基肥，在秋季开沟施肥、施入基肥。"二翻"，在沟面翻施2次肥，第1次在秋季开沟后，在沟面撒入有机肥、尿素与复合肥并翻施；第2次翻肥在花后期，在沟面撒上有机肥、尿素与复合肥并翻施。"三穴"，挖穴施肥3次，第1次在果实膨大期，以氮肥为主；第2次在进入转色期时，穴施，以钾肥为主；第3次在果实成熟前期，穴施，以钾肥为主。"四喷"，即在花后期、果实膨大期、转色期、果实成熟前期喷施4次或以上叶面肥。这样可保障树下树上营养成分的充足供给。

1.3　适宜埋土防寒区露地栽培葡萄品种的筛选及研究

低温是限制地球上植物分布与生长的重要因素，低温伤害是全世界农林生产中损失巨大的一种自然灾害，加上生态环境破坏日益加剧，致使这一问题显得更加突出，引起人们的普遍关注。近几年，果树生产在农业产业结构调整和发展生态农业建设中都发挥了重要的作用，生产规模日渐扩大。但不论北方落叶果树还是南方常绿果树，常会遭受不同程度的低温伤害，损失严重。葡萄是我国北方主要落叶果树中抗寒性较弱的树种之一，一般在极端最低温度低于－15℃地区就可能发生不同程度的冻害。北方冬季寒冷地带目前是我国葡萄基地的集中地区，但生产上冻害发生频繁，无论是酿酒葡萄还是鲜食葡萄都经常会遭受不同程度的低温伤害，损失严重，在一定程度上影响和制约了葡萄产业的发展。通过对我国北方葡萄冻害的分析发现，对同一品种而言，扦插苗的冻害程度重于嫁接苗，欧亚种葡萄重于欧美杂交种葡萄，而山欧杂交种葡萄几乎没有冻害发生。不同埋土方式所对应的冻害程度也不尽相同，温度骤降前埋土的冻害发生轻，相反，温度骤降后埋土的冻害重；机械埋土果园冻害程度轻，人工埋土的果园发生重；埋土土层厚的冻害程度轻，而土层薄的程度重；埋土防寒取土位置离主干远的果园，葡萄根系冻害程度轻或根系无冻害发生；过量负载果园冻害程度重于合理负载的果园。

在我国北方，极端最低气温低于－15℃的地区需要埋土越冬，否则就会发生越冬冻害或抽干。欧亚种葡萄枝蔓可耐受－25～－20℃的低温，芽眼可忍受－23～－18℃的低温，而根系一般在－4℃时出现冻害，在－7～－5℃时则会死亡。越冬冻害频繁发生，对中国北方葡萄产业产生很大影响，导致葡萄产量低而且不稳，植株缺苗断行现象非常普遍。引起葡萄冻害的原因主要有冬季气温过低，积雪小、品种不耐寒、栽培管理措施不得当、覆土厚度不够等。因地制宜，选择适宜当地种植的品种是保证葡萄越冬免遭冻害的关键。

状元红、香悦、巨玫瑰、夏黑、春光、巨峰、阳光玫瑰 7 个品种在北京延庆露地条件下栽培，果实性状表现良好（表 1-4 至表 1-6），抗寒能力较强，极具市场发展潜力。在埋土防寒区露地葡萄栽培技术推广过程中，状元红、香悦、巨玫瑰、夏黑、春光、蜜汁巨峰、阳光玫瑰等品种（图 1-1 至图 1-18）可以作为配套的优良品种进行大面积推广。

表 1-4　8 个葡萄品种在露地栽培条件下的物候期　　　（月-日）

品种	出土期	萌芽期	开花期	转色期	成熟期	生长时间/d
状元红	4.13	4.28	6.4	7.28	9.7	132
香悦	4.12	4.28	6.3	7.26	8.30	124
巨玫瑰	4.12	5.1	6.4	8.4	9.8	133
夏黑	4.12	4.28	6.1	7.21	8.26	120
春光	4.12	4.28	6.2	7.23	8.27	121
蜜汁	4.13	4.28	6.1	7.26	8.29	123
巨峰	4.12	5.1	6.4	8.3	9.11	136
阳光玫瑰	4.12	5.3	6.4	8.5	9.18	141

表 1-5　8 个露地葡萄品种的果实性状

品种	单穗重/g	单粒重/g	可溶性固形物含量/%	果皮颜色	果粒形状	果实横径/mm	果实纵径/mm	果实香味
状元红	650	11.58	19.0	红	圆	25.62	26.30	无
香悦	400	10.42	17.5	黑	圆	25.42	25.70	桂花味
巨玫瑰	660	9.97	19.5	紫红	圆	26.19	24.71	玫瑰香味
夏黑	565	6.9	19.5	黑	圆	22.91	25.40	草莓味
春光	700	12.00	19.5	黑	圆	26.26	29.19	玫瑰香味
蜜汁	300	7.96	17.0	紫红	圆	24.21	23.07	无
巨峰	750	12.75	18.0	黑	圆	26.80	29.34	无
阳光玫瑰	556	11.50	18.0	绿	椭圆	24.56	30.47	玫瑰香味

表 1-6　8 个露地葡萄品种的产量与经济效益（北京市延庆区）

品种	产量/(kg/亩)			三年平均产量/(kg/亩)	平均采购价/(元/kg)	年均产值/(元/亩)
	2019 年	2020 年	2021 年			
状元红	984	1 060	1 105	1 049	40	41 960
香悦	852	948	1 070	956	40	38 240
巨玫瑰	992	1 006	1 054	1 017	40	40 680
夏黑	965	1 085	1 129	1 059	60	63 540
春光	984	998	1 050	1 010	40	40 400
蜜汁	457	553	594	535	40	21 400
巨峰	939	1 114	1 080	1 044	40	41 760
阳光玫瑰	1 026	1 082	1 101	1 069	60	64 140

注：1 亩≈667 m²

图 1-1　巨峰

图 1-2　摩尔多瓦

图 1-3　火焰无核　　　　　　　　　　图 1-4　蜜汁

图 1-5　藤稔　　　　　　　　　　　　图 1-6　香悦

图 1-7　阳光玫瑰　　　　　　　图 1-8　状元红

图 1-9　京香玉　　　　　　　　图 1-10　京秀

图 1-11 红芭拉蒂　　　　　　　图 1-12 早黑宝

图 1-13 京艳　　　　　　　　图 1-14 无核翠宝

图 1-15　瑞都科美　　　　　　　　图 1-16　早玛瑙

图 1-17　香妃　　　　　　　　　　图 1-18　瑞都香玉

1.4 露地葡萄栽培管理关键技术

北京延庆地区越冬冻害频繁发生,对延庆葡萄产业产生很大影响,导致葡萄产量低而且不稳,植株缺苗断行现象非常普遍。引起葡萄冻害的原因主要是冬季气温过低,栽培管理措施不当、覆土厚度不够等。因此,延庆露地葡萄在注重日常生产管理之外,更应注重葡萄的防寒越冬。针对葡萄的防寒越冬问题,总结出露地葡萄"一清、二深、三防、四改"技术。

"一清"即葡萄出土上架时,将表层 10 cm 的葡萄根颈浮土清出,或将嫁接口附近的根系清理干净并高出地表 5～10 cm,切断表层根系,促使根系下扎,防止冻害。"二深"即土壤封冻水浇灌的深度要达到 50 cm 以上,葡萄树体埋土深度要达到 30 cm 以上并拍实土壤。"三防"即防病虫害、防冰雹洪涝、防倒春寒。"四改"即改葡萄树体直立架为倾斜上架;改撒肥翻施为开沟施肥;改扦插苗为嫁接苗;改防治病害为预防病害。

第2章

设施葡萄高干水平棚架整形栽培技术 ◀◀◀

设施葡萄大棚宽度在 12 m 以上,可以按照 4 m 行距设计成多行种植,果实颜色深的尽量种植在阳光充足的一侧,便于采光上色。

2.1 开沟

按行向开沟,沟宽 80 cm、深 80 cm,采用挖掘机开沟培肥,沟底可填入 20 cm 厚秸秆。壤土地营养土配制按照优质腐熟羊粪:沙:园土=1:1:1 比例充分混合。沙土地营养土配制按照优质腐熟羊粪:园土=1:2 比例充分混合。回填后灌水沉实,整平沟面,在沟两侧边缘取行间土打埂,埂高于种植沟,垄高 30 cm、宽 150 cm,垄两侧各打 20 cm 的埂,埂宽 30 cm。

2.2 种植

2.2.1 定植时间

设施葡萄定植时间可根据设施条件进行调整,一般 4 月上旬定植,冬季升温的棚可于棚内恒定气温超过 10 ℃定植。

2.2.2 定点放线

在设施棚中，按照设计的栽植株行距，在地面画出标线（图 2-1），方便后期栽植沟的开挖和施肥（图 2-2 至图 2-4）。

图 2-1 定点画线

图 2-2 开沟

图 2-3　施肥

图 2-4　浇水沉沟

2.2.3　苗木准备

将苗木根部对齐，留 20 cm 长根系，剪去多余根部，用水浸泡
12～24 h 后取出，然后运到现场栽植。

17

2.2.4 栽植

定植穴不宜过深，深度为 20 cm 左右即可，但定植穴直径应稍大，直径为 30~40 cm，苗木栽植时，保持苗木直立，将苗木根系分布均匀，按照"三埋二踩一提苗"的方法进行栽植（图 2-5）。

图 2-5　定植栽苗

2.2.5 定干

苗木嫁接口以上留 3~4 芽定干。

2.2.6 灌水

定干后，大水灌透定植沟。

2.3 施肥

当幼苗长至 50 cm 左右时（图 2-6），复合肥与尿素交替施用，前期每株施 15 g 左右，7 月份以后每株施 30 g，施肥后及时灌水，保证土壤湿润深度达地下 50 cm。

图 2-6　苗木生长

2.4　树形培养

2.4.1　抹芽与定枝

当年新梢长至 20 cm 左右时，保留 2 个生长旺盛枝（防止碰折），其余的抹除。待所留新梢长至 30～40 cm 时，选留 1 个长势健壮的新梢（图 2-7）。每株距根部 5 cm 处竖立 1 根高 250 cm 竹竿，地上部留出 200 cm 高，竹竿直立固定，将选留的新梢绑在竹竿上（竹竿按行向走，基部和杆头均在一条线上，用于绑缚和培养直立主干，要求同一方位，整齐划一）。距种植沟地面 200 cm 高处，用钢丝水平拉丝，架设水平网格，网格纵宽 30 cm、横宽 30 cm，用于支撑绑缚葡萄的水平蔓和枝条。

2.4.2　培养树形

当新梢长至超过水平棚面以上 15 cm 时，将其在主枝固定线以下 10 cm 处摘心，紧靠摘心口下部 2 节发生的 2 根副梢，笔直向上生长，当副梢生长到约 50 cm 时，左右各 1 根绑扎固定在棚架上，

19

图 2-7 苗木上架整形

使其沿着主枝固定线向前生长，作为第一主枝和第二主枝，边生长边绑扎固定。主枝延长头生长至 7 月下旬进行第 1 次摘心，摘心后最先端部发出的 1 根副梢继续向前生长，主枝两侧发生的其余副梢，与主枝呈垂直角度，向架面上生长，并绑扎固定在水平棚架铁丝上，副梢生长达到约 60 cm 时摘心。主干上发生的副梢留 2～3 叶反复摘心。从第 2 年开始在 2 根主枝上直接培养结果枝。

第 2 年，主干上发生的新梢在萌芽时全部抹掉，从主枝先端部选择 1 根生长旺盛的新梢沿着主枝固定线向前生长，其余新梢与主枝呈垂直角度，向架面上生长，当生长到约 55 cm 时开始绑扎，在棚面弯曲处的副梢从基部摘心，在棚面上的新梢副梢留 2～3 叶反复摘心，生长中庸和生长势强的新梢使其结果，1 根新梢留 1 穗果，生长弱的新梢剪掉花穗，成为空枝。

第 3 年，第一主枝和第二主枝各生长 7～9 m，2 根主枝合计总长度为 14～18 m，完成新"一"字形整形（图 2-8）。

图 2-8 "一"字形结果丰产

2.5 扣棚

设施内葡萄叶片黄化、脱落,即标志着休眠开始。设施葡萄一般在 7.0℃以下需要经过 800～1 200 h(约 40 天)可完成自然休眠,次年结果才有保障。如果设施葡萄休眠期不足,则萌发新梢很少,发芽参差不齐,花芽分化不良。根据葡萄长势情况,一般 11 月下旬进行人工强迫休眠(若当年新植葡萄苗成熟度不足,可适当延后)。扣棚前清园,及时灌足冻水降低地温,喷 1 次 5 波美度石硫合剂后扣棚。棚内温度保持在 0～7.5℃,既满足葡萄休眠所需温度,也不致遭受冻害,防止棚内湿度过大造成霉芽。

2.6 修剪

第二年升温前 15～20 天,根据葡萄树势选留枝组,对于当年树体已上架成型,且主蔓上的副梢枝条粗度在 0.6～0.8 cm 的枝条,可将营养枝留 2～3 芽短截修剪,培养形成结果母枝。对于主蔓上生长弱的副梢，粗度在 0.4 cm 以下时，将副梢回缩至主蔓位置，利用主蔓上的冬芽萌发结果。

2.7 破眠

葡萄休眠结束时，可提前 3~4 天用单氰胺或石灰氮涂抹葡萄芽眼，打破休眠，再开始升温。要逐渐升温，切忌升温过快。高温催芽，易造成新梢徒长，花序小，坐果少，且落花落果严重。相对湿度保持为 80％~90％，可提高葡萄发芽率，使新梢生长整齐一致。湿度过低，芽不易萌发，造成盲节。

2.8 结果期管理

2.8.1 抹芽定枝

葡萄萌芽后 15 天左右进行抹芽，每个结果母枝选留 1~2 个结果枝，去掉无用芽和副芽，要保持棚内相对湿度。

2.8.2 整穗

葡萄生长期，每个芽眼保留 1 个结果枝，花序出现后，每个结果枝选留 1 个穗果，其余疏除，弱枝不留穗。根据穗形，摘去穗尖或副穗。

2.8.3 花期管理

葡萄开花前 6~8 天，灌 1 次透水（因整个花期不能再灌水，要确保整个花期棚内的湿度）。初花期和小幼果期各喷施 1 次硼肥，有利于提高坐果率。

2.8.4 绑蔓摘心

当枝条长至 50 cm 左右时，将其左右水平绑缚。花前 3~4 天，果穗以上留 6～7 片叶摘心，果穗上副梢留 2～3 片叶摘心，所有营养枝留 8～10 片叶摘心。坐果后，摇动果穗，使受精不良的果穗早日脱落。坐果 1 周左右，疏除受精不良、不能发育的小粒果以及过密过紧的果粒。

2.9　肥水管理

2.9.1　灌水

根据土壤墒情 15～20 天滴灌 1 次透水，尽量在早晚进行滴灌。

2.9.2　追肥

葡萄萌芽前追肥以氮肥为主，追施尿素 10 kg/亩。花前期追施复合肥 15 kg/亩。果实膨大及着色期追肥以钾肥为主，追施 1 次钾肥 20 kg/亩。磷酸二氢钾间隔 7 天喷施 2～3 次，采摘前 15 天停止喷肥。果实采收后土壤施复合肥恢复树势，8 月后控制肥水，严格控施氮肥，追肥以磷、钾肥为主，促进枝条木质化。9 月在葡萄行一侧距离葡萄 40 cm 处开沟，沟深 40 cm 以上，宽 40 cm，将腐熟的有机肥（羊粪、鸡粪等）4 000 kg/亩与土混合后施入，施后灌水。施肥应注重钙、镁、锌肥的施入。

2.10　病虫害防治

2.10.1　病害防治

设施葡萄病害主要有灰霉病、霜霉病、白粉病等。

1. 灰霉病防治

低温高湿（昼夜温差大，如高温天突然下雨）环境易发生灰霉病，葡萄开花前至幼果期、果实着色至成熟期都可能发生。灰霉病主要发生在花冠、花序、果穗、叶片、嫩茎等部位，可用吡唑醚菌酯、腐霉利、嘧霉胺、乙霉威等防治。

2. 霜霉病防治

高温高湿环境易发生霜霉病，葡萄花穗伸展到落叶期都可能发生。霜霉病主要发生在新梢、卷须、叶柄、叶片、花序、穗轴、果粒等部位，可用波尔多液、科博等提前预防，霜霉病发生后可用烯酰吗啉、霉多克、吡唑醚菌酯等防治。

3. 白粉病防治

高温干旱环境易发生白粉病，清园期、开花期、幼果期、套袋前都可能发生。白粉病主要发生在叶片、新梢、幼果等部位，可以用甲基托布津、代森锰锌、拿敌稳、多硫悬浮剂等防治。

2.10.2 虫害防治

设施葡萄主要害虫有蚜虫、绿盲蝽、金龟子、红蜘蛛、二星叶蝉等。蚜虫、绿盲蝽、金龟子常用吡虫啉等防治；红蜘蛛用阿维菌素、螺螨酯等防治；二星叶蝉（白粉虱）用氯氰菊酯防治。病虫害防治一般要几种农药交替使用，防止产生抗药性。

第**3**章

冷棚葡萄抗寒栽培架式及组合 ◀◀◀

　　葡萄因其果实风味独特，富含大量营养物质，已成为当今世界最受欢迎的果品之一。2018 年我国葡萄种植面积为 87.5 万 hm^2，产量约为 1 500 万 t，欧亚种和欧美杂交种为主栽品种。我国葡萄主要分布于北纬 25°～45°的干旱或半干旱地区，但对主栽区的低温干旱气候适应性较差，极易引发冷害和冻害。因此，由低温引起的冷害和冻害问题，是我国尤其是北方地区葡萄生产面临的主要风险。以霜冻和越冬冻害为主的自然灾害对我国北方酿酒葡萄产生了很大的影响，尤其是越冬冻害，造成我国北方贺兰山东麓产区、河西走廊产区、新疆产区酿酒葡萄产量长期低而不稳，葡萄植株缺苗断行现象非常普遍。越冬冻害已成为我国北方葡萄产业发展的障碍性因素。

　　越冬冻害是指作物在越冬期间因长时间处于 0℃以下低温环境而丧失生理活动能力，造成植株受害或死亡的现象。葡萄栽培品种性喜温暖，不耐寒冷，故我国北纬 35°以北地区采用埋土防寒，从而使葡萄树体安全越冬。黄河中下游地区是不埋土防寒区，但由于每年寒潮到来的时间和强度不同，有时也会出现冻害。

　　低温伤害已对我国葡萄主产区造成了巨大的经济损失，极大地限制了我国北方地区葡萄产业的发展，且其发生频率和破坏程度日益严重，使整个产业面临严峻的挑战。低温冻害的发生机制复杂，虽然出现频率较低，一旦发生不仅影响范围大、受灾作物广，且减产幅度大，损失极为严重。因此，在北方低温环境下，种植葡萄必须加强防冻措施，多举措提高葡萄抗寒性显得极为关键。

3.1 葡萄越冬冻害成因

葡萄是木质藤本冬眠果树，休眠期的抗寒能力有一定局限，寒冷地区的冬季低温环境超过抗寒力极限时，植株则发生冻害。葡萄不同部位的抗寒能力不同，总体来说枝蔓比芽眼抗寒，枝蔓可耐受$-25\sim-20\ ℃$，芽眼可忍受$-23\sim-18\ ℃$，枝条的抗寒性主要与成熟度相关，成熟度与前期冷驯化相关联。芽眼比根系抗寒，根系在$-4\ ℃$时出现冻害，在$-7\sim-5\ ℃$时即死亡。

葡萄冻害通常与负积温、10 cm地温负积温、低湿日数、蒸发量、高风速日数和冻土深度等6个气象因子相关联。通过对上述6个主要气象因子同枝条死亡率做通径分析，发现低湿度日数与枝条死亡率的相关性最高。在各气象因子中，低湿、地温负积温和高风速强烈地作用于枝芽使其失水，是影响枝条死亡的主导因子（低湿度、高风速使枝芽加剧水分散失，地温负积温抑制根系活动而影响水分吸收）。董存田等在对葡萄"冻旱"的研究中发现，芽原始体死亡率与时间呈显著正相关，但最高死亡率不是出现在温度最低的1月，反而是气温开始回升后的2月底。在含水量与枝条死亡率的关系研究中，枝条含水量与枝条死亡率存在着极为显著的负相关关系，说明细胞失水是导致枝条死亡的直接原因。一些研究将葡萄死亡的原因归结为葡萄受冻后综合因素导致的失水。

3.2 葡萄越冬冻害防御技术

3.2.1 品种选择

结合当地种植区的具体情况，选择符合当地生产环境的适宜品种，是葡萄种植生产的首要关键任务。葡萄的抗寒性因不同品种而异，山葡萄最抗寒，欧洲种最不抗寒，且大多数栽培品种葡萄的抗寒能力不强。在极端最低气温低于－35℃的严寒地区，欧亚种的酿酒葡萄不能安全度过，在冬季极端最低气温为－35～－15℃的地区必须埋土防寒以保证安全越冬，在极端最低气温高于－15℃的地区，欧亚种葡萄则不需要埋土。

3.2.2　嫁接

在没有符合当地栽培条件的适宜品种的情况下，采用抗寒品种作砧木进行嫁接也是多年来研究成功的重要方法。葡萄嫁接中最常用的砧木为山葡萄、贝达、河岸与山河品系。山葡萄是抗寒力极强的葡萄品种，但是山葡萄作砧木嫁接栽培品种亲和力不佳，成活率低，难以应用于生产；贝达虽扦插易生根，嫁接亲合力强，但是根系抗寒力不如山葡萄，根系只能抵御－12℃左右的低温，在极端天气下出现冻害现象；河岸品系根系发达，根系抗寒力强于贝达且扦插易生根，可以作为山葡萄的替代砧木；山河二号根系抗寒力与山葡萄相似，可抗－14.8℃的低温，有望代替山葡萄在极寒冷的产区应用。采用抗寒砧木（如山葡萄、贝达等）嫁接栽培，其越冬防寒过程可大幅度地简化。

3.2.3　栽培管理措施

葡萄露地越冬的抗寒能力强弱除与品种遗传特性相关外，还受秋季枝芽的成熟度、冷驯化、细胞原生质体水分的状态、营养物质的积累、冬季最低温度以及低温持续的时间、早春变温等诸多因素的影响。防寒越冬是葡萄栽培管理工作中的一项重要技术措施，防寒的方法、时间和质量不仅会直接影响来年产量，而且会决定植株的存活。

3.2.4　覆盖材料

采用葡萄树叶、秸秆、锯末、草帘等加塑料膜的方式比只埋土越冬具有明显的保温和保湿效果，同时减少机械损伤，翌年葡萄萌芽整齐，生长发育状况良好。通过监测越冬期间的土壤温度发现，采用保温被防寒比传统覆土防寒土温要高，且第 2 年的萌芽率和结果率都显著高于埋土处理。无胶棉被外加覆膜的越冬方式只能使覆盖物下 0～60 cm 深度的土温提高 1.08～1.57℃，略强于传统覆土模式。使用聚苯乙烯泡沫颗粒保温被覆盖保温效果最好，翌年葡萄的萌芽率可达 81.2%，结果枝率可达到 93.7%，聚苯乙烯泡沫具有质量轻、易卷放等诸多优点，且来源于废弃物再利用，应在生产中大面积推广。玻璃棉保温被的保温效果略次于聚苯乙烯泡沫保温被，但新梢数量和新梢生长速度大于覆土处理，且成本低于覆土防寒，同样值得在生产中推广。

3.2.5　葡萄栽培架式

目前在埋土防寒地区，无论是鲜食葡萄还是酿酒葡萄，大多采用多主蔓扇形、直立龙干形和独龙干形等传统树形，配合直立叶幕或水平叶幕。上述传统树形和叶幕形存在埋土防寒不便、通风透光差、副梢管理费工、果实成熟与品质不一致、影响机械化作业、不能实现农机农艺的有机融合等问题，严重影响了葡萄产业的健康可持续发展。葡萄架型的改造和新式架型的应用是提高葡萄果实品质，促进葡萄产业科学健康发展的重要措施。对于需要下架埋土的地区，特别是葡萄老产区，如何在既不影响越冬防寒，又能够提高葡萄品质的前提下完成新技术的推广，是一项重要的课题。选择适宜的架式是葡萄优质丰产栽培关键技术之一。如果架式选择不当，就会出现产量太低或不结果、果实品质差、管理不便等许多问题。

葡萄树的架式多种多样，但在生产上应用较多的归纳起来主要分为篱架和棚架，还有许多中间类型。

1. 篱架

篱架又称立架，因架面与地面垂直而得名。篱架又分为单篱架、双篱架、宽顶篱架即"T"形架、"Y"形架等。

（1）单篱架　又称单臂篱架，每行设 1 个架面，架的高低可根据品种特性、树形、气候、土壤条件和行距等加以调整，以不影响架面两边的光照为宜。其整枝方式用多主蔓扇形整枝和龙干形整枝（臂状整枝或水平整枝）均可，但扇形整枝对技术要求较高，树形控制不好掌握，前期结果部位低；果穗易受污染，病害相对较重，果实品质差，后期结果部位上移，产量下降，目前这种传统的整枝方式正在被龙干形整枝所代替。龙干形整枝枝蔓整齐，结构合理，树势和产量稳定，整形修剪简单，在冬季需埋土防寒地区比扇形整枝埋土操作简单，省工，且不易损伤葡萄枝蔓。龙干形整枝时在冬季不埋土地区或设施栽培中其主干、主蔓可直立生长，而在冬季需埋土防寒地区为了便于埋土，其苗木可倾斜栽植，即主干倾斜 45°，主蔓可水平绑缚在第 1 道铁丝上，即"厂"字形篱架。单篱架光照和通风条件好，田间管理等操作方便，适于密植、早期丰产和机械化管理，这种架式在目前露地或设施葡萄生产中应用最多。

（2）双篱架　又称双臂篱架，有两个架面，两个架面之间有一定距离，葡萄栽在两个架面中间，枝蔓分别绑缚在两边架面上。优点是增大了架面面积，利于早期丰产；缺点是成本高、管理不方便、费工，通风透光条件不如单篱架，易感染病虫害。单立柱双臂篱架目前在葡萄设施栽培中被广泛采用，整枝方式为臂状整枝，又叫水平整枝，主蔓每年回缩更新，并及时进行架面管理，保证良好的通风透光条件。

（3）"T"形架　又称宽顶篱架，行距 2.5～3.0 m，架高 2 m 左右，是在单篱架的基础上，顶端加设一道横梁，宽约 1 m 左右，在横梁两端各拉 2 道架丝。篱架面上共拉 2～3 道架丝，葡萄树单主蔓或双主蔓水平整枝，绑缚在篱架面最上 1 道架丝上，结果枝分别绑缚在横梁两端的架丝上，新梢自然下垂结果。这种架式通风透光好，产量高，病虫害较轻，果实品质好，树势缓和，稳产性能好。适合生长势较强或生长势中庸的品种包括美人指、红地球、无核白鸡心、里扎马特、克瑞森无核等，其中美人指、红地球等品种因为新梢下垂遮挡果穗，还可以避免果实发生日灼。

（4）"Y"形架　架面呈"Y"形，是单干双臂篱架的改良架式，架高 180~200 cm，全架分 3 段 5 道架丝，第 1 道架丝在篱架面上，距地面 80 cm，从立柱第 1 道架丝到架顶均匀架设 2~3 道长度为 40~120 cm 的横梁，横梁两端拉架丝，将葡萄树的 1 条或 2 条主蔓水平绑缚在篱架第 1 道架丝上，结果枝新梢分别倾斜绑缚在两边架丝上。这种架式通风透光更好，提高了结果部位，减轻了果实病害和污染，适合密植，易获得高产稳产，架面管理也方便了。山西曲沃红地球葡萄园，以前该葡萄园采用篱架，果实日灼严重，对浆果品质和产量造成了很大损失，后来全部改造成"Y"形架，双龙干整枝，新梢自然下垂，既提高了产量，又避免了果实日灼病的发生，提高了浆果品质。

（5）单十字飞鸟形架　架面由 1 根立柱、1 根横杆和 6 条纵线组成，架高 180~200 cm，横杆长 160 cm 左右，架设在距立柱顶部 30 cm 处，距地面 120~140 cm 立柱的两侧和距离横杆两侧 35 cm、80 cm 处各拉 1 道钢丝，总共 6 条钢丝。这种架式适合大多数鲜食葡萄品种，适合露地和设施葡萄栽培，成本低，第 1 道架丝的位置可灵活控制，操作方便，省工，架面留梢量控制好，可达到连年丰产。

2. 棚架

棚架把葡萄架的架面设置成水平状或倾斜状的棚面，枝蔓均匀分布在棚面上。棚架葡萄树势中庸，生长和结果平衡，丰产稳产，商品果穗率高；架面高，植株下部通风透光好，病害发生较轻；根部占地面积很小，施肥、浇水简单省工。这种架式在南方葡萄产区应用较多，其整枝方式为各种龙干形整枝。不足之处是架面大，枝蔓管理和上下架不太方便。棚架又可分为大棚架、小棚架、棚篱架和屋脊式棚架等。

（1）大棚架　在我国葡萄老产区和庭院葡萄栽培中应用较多，架长一般超过 7 m。水平大棚架高 1.8~2 m，每隔 4~5 m 设一支柱，顶部每隔 0.5 cm 左右纵横拉铁丝成网格状。倾斜大棚架靠近植株的架根高 1.0~1.5 m，远端的架梢高 1.8~2.3 m，葡萄倾斜爬在架面上。这种架式适合如龙眼、红地球、甲裴路等生长势强的品种。由于枝蔓上下架不方便，所以不太适合北方冬季需埋土防寒地区。

（2）小棚架　分为倾斜小棚架和水平小棚架，架长一般为 3~

5 m，倾斜小棚架根高 1.2～1.5 m，架梢高 2.0～2.2 m，每隔 3～4 m 设 1 根架杆，其上每隔 45～50 cm 横拉一道铁线。这种架式适合大部分品种，成形早、产量高、更新容易，枝蔓上下架方便，在我国南北方葡萄生产中均广泛应用。在南方管理水平较高的葡萄园，水平小棚架中"一"字形和"H"形树形正在逐渐推广。

（3）棚篱架　即棚架和篱架的结合体。其优点是比棚架提高了架根处的架面高度，篱架面和棚架面都能结果，更加充分利用了空间，由于架面的升高，在架面下的操作管理也比较容易。缺点是在篱架到棚架的拐弯处由于生长方向突然改变，造成枝蔓生长势前后差异大，容易冒条。这种架式用于保护地葡萄栽培中，如一面坡日光温室，可最大限度地利用温室空间与光照。

（4）屋脊式棚架　两行葡萄枝蔓顺着倾斜棚面对爬，架根高 1.5～1.8 m，架梢高 2.5～3 m，两侧葡萄架梢交会在一起，共用一排立柱，形成屋脊式棚面，架面下通风透光差，管理不方便，现在生产上一般不用。跨度和高度都可适当增大或把架面做成拱形，设在道路、走廊上方，一举多得，如现在的旅游观光葡萄长廊多采用此架式。

3.3　葡萄架式与葡萄品质的关系

果树整形修剪是为了调节果树生长与结果间的矛盾，合理利用空间，充分利用光能。葡萄是一种适应性强、容易获得丰产和较高经济效益的果树树种。由于各地的光照、气候、土壤等条件不同，生产及加工的目的不同，所采取的整形修剪方式也不同。架式选择是葡萄栽培管理的一项重要的技术措施，在特定立地条件下合理的架型对于葡萄的稳产、优质、病虫害防治及田间管理都有重要影响。

架式结构决定叶幕形状，叶幕形状影响光能的截留量与叶幕整体的光合效率，从而影响光合产物的合成。最佳的整形方式不但可以调节设施葡萄的生长发育，还可通过调节叶绿素含量、光合作用关键酶、光合作用强度、同化物的运输与分配，从而提高设施葡萄叶片的光能利用效率，并提高果实的产量和品质。架式能影响葡萄叶片叶绿体的发育及果实内含物质的形成，最终影响产量和品质的形成。

不同的栽培架式形成树体不同的叶幕结构，改变叶片光合面积和光能利用率，调节营养生长与生殖生长之间的关系。不同叶幕高度构成葡萄枝蔓不同的叶幕微气候，从而直接影响葡萄果实中糖酸的含量，并对酚类物质的代谢也有一定的影响，进而影响浆果中挥发性物质的积累，以及影响连年稳产丰产能力和树体冬季的抗性。温室栽培条件下，由于覆盖材料的反射和吸收等作用使到达葡萄树体的自然光照明显减弱。即使透光率高的优质新塑膜也可减弱自然光照 10%，透光率低的可减弱 20% 左右。温室葡萄由于受到覆盖材料弱光效应和枝叶间遮光作用的双重影响，棚架和篱架两种树形结构在弱光胁迫环境中会表现出明显不同的光合结构特征。枝条水平分布的棚架形树冠各部位受光充足而均匀，叶片的光合组织结构和叶绿体超微质膜结构发育正常，浆果中会有较多的淀粉粒等贮藏物积累。但篱架下部因受光不足使叶片光合组织结构和叶绿体超微质膜结构明显退化，淀粉粒等贮藏物积累极少。由此说明，温室葡萄从长远利益上看并不适合篱架栽培，而应采用棚架形整枝方式。

3.4 葡萄架式的灵活应用

葡萄的架式不是固定不变的，而是根据需要不断发展变化的，而且有些不同的架式之间还可以相互转换。如果在生产中发现架式不适合品种，则可以改变架式，避免造成更大的损失，所以对葡萄架式的应用要做到从实际需要出发，灵活掌握。目前，埋土防寒区主要栽培架型为直立龙干形、倾斜龙干形、多主蔓扇形等。架式的形式和类别混乱，规范性和统一性不高，使得葡萄品质差异性大。虽然上述这几种栽培架式的不同结果部位的果实品质不尽相同，但是采用"厂"字形葡萄整形方式由于结果部位处于同一高度，果实成熟时品质的差异性最小。适宜的葡萄架式与树形都应有利于葡萄产量的提高、浆果质量的提高和便于田间管理。

通过研究比较直立龙干篱架、V 形架"厂"字形、多主蔓扇形篱架、倾斜式水平龙干篱架、小棚架等对不同葡萄品种果实品质、产量的影响，发现 V 形架"厂"字形、倾斜式水平龙干篱架与斜干水平龙干棚架更适于在埋土防寒区进行应用与推广。在此基础上，将 V 形架"厂"字形、倾斜式水平龙干篱架与斜干水平龙干棚架进行了架式组合，最终筛选出 3 种不同的抗寒栽培架式组合，这 3 种抗寒栽培架式组合在适应埋土防寒区的气候与栽培要求基础上，还能大幅度提升葡萄产量与品质。通过冷棚葡萄抗寒栽培架式组合研究，以期提高埋土防寒区葡萄的品质，并为北方埋土防寒区葡萄产业的发展提供参考依据。

3.4.1 倾斜式水平龙干篱架

1. 架材架设

立柱材质为水泥材质或镀锌钢管。立柱高 1.5 m，埋入土中 0.5 m，直立固定。每行两头边柱向外倾斜固定，并牵引锚石（锚石距边柱 1.5 m 左右，锚石深 1 m）。立柱南北行向，与冷棚走向一致，柱间距 4～5 m，立柱纵横对齐，距离一致，柱顶成一平面，倾斜式水平龙干篱架由立柱和 4 道铁丝组成，第 1 道铁丝距离地面高度为 50～70 cm，第 2 道铁丝与第 1 道铁丝距离为 20～30 cm，后两道也都间距 20～30 cm（图 3-1）。

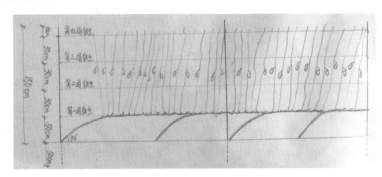

图 3-1 倾斜式水平龙干篱架示意图

2. 树体整形修剪

在埋土防寒区，冷棚的葡萄苗于 4 月上旬开始定植，葡萄苗栽植株距为 1.5 m，定干成形时把葡萄树体主干斜拉 30°固定在第 1 道铁丝的 50 cm 处顺行（图 3-2），将铁丝以下部分作为主干，以上部分作为龙干，并将主干上的枝蔓全部剪除。龙干部分水平延伸，每隔 12～15 cm 留 1 个结果枝组。龙干部分水平延伸至下一株树体倾斜上架位置进行摘心，龙干上结果枝组所有枝条向上绑缚，与 4 道铁丝呈垂直状，树形从下到上明显分为 3 个带：下层为通风透光带、中层为结果带、上层为光合作用营养带（图 3-3），秋季剪留基部 2 芽越冬。倾斜式水平龙干篱架树形当年建造，当年即可成型（图 3-4）。

3. 倾斜式水平龙干篱架优点

它的优点是可以打破树体极性现象的制约，使葡萄整体各部位长势均匀，减少了枝条间差异，以利于新芽萌发，而且水平"厂"字形枝蔓在架面上分布均匀，"厂"字形架型由于结果部位处于同一高度，所受光照等影响基本一致，养分供给处于同一水平，因此在果实品质的一致性上表现出显著的优越性。同时"厂"字形架型"三带"有序，

图 3-2 倾斜式水平龙干篱架侧面

图 3-3　倾斜式水平龙干篱架三带

图 3-4　倾斜式水平龙干篱架树体二年状

枝条基本在同一个平面上，喷药更均匀，更有利于机械化作业。由于水平架型所有果穗集中在一道架上，更易于防鸟害和采摘。水平"厂"字形有效地控制了单产，显著提高了果实品质，节省了劳动成本。倾斜主干和水平龙干便于控制树势，长势均衡，同时有利于埋土作业。树形能够控制树势，园内的通风透光条件得到了显著改善，降低了病虫害发生的概率。同时，化学药品投入减少，避免了农残超标，为确保葡萄品质奠定了良好的基础。该架形为埋土防寒区葡萄品质提升和集约化发展提供了参考依据。

3.4.2 斜干单臂水平龙干 V 形架

1. 架材架设

立架材质为水泥材质或镀锌钢管。立架高 1.5 m，埋入土中0.5 m，直立固定。每行两头边柱向外倾斜固定，并牵引锚石（锚石距边柱 1.5 m 左右，锚石深 1 m）。立柱南北行向，与冷棚走向一致，架间距 4~5 m，立架纵横对齐，距离一致，架顶成一平面，架面呈"Y"形，架高 1.5 m，全架分 5 道架丝，第 1 道架丝在篱架面上，距地面 80 cm，从立柱第 1 道架丝到架顶架设 2 根长度分别为60 cm 与 120 cm 长的横梁，横梁两端拉架丝，第一道横梁距离架下的架丝间距 35 cm，第二道横梁距离第一道横梁的间距为 35 cm（图 3-5）。

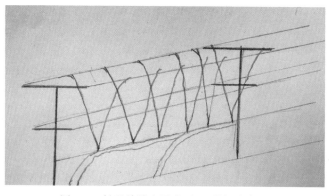

图 3-5　斜干单臂水平龙干 V 形架示意图

2. 树体整形修剪

定植时苗木沿栽植行向方向栽植，定植当年萌芽后每株选留1个生长健壮的新梢作主蔓，当主蔓长至 1 m 以上时，绑缚在第 1 道架丝上，当主蔓长至 1.5 m 以上时将主蔓进行倾斜（与地面呈 40°左右角），引缚到 V 形架第 1 道架丝上，并向水平延伸生长，新梢与主蔓垂直，在主蔓两侧绑缚倾斜呈 V 形叶幕（图3-6），新梢间距 12～15 cm，当与相邻植株主蔓重叠接触时摘心，将处于 V 形架第 1 道架丝以下部分作为主干，以上部分作为龙干，并将主干上的枝蔓全部剪除，以利于树体营养集中向上

图 3-6 斜干单臂水平龙干 V 形架

供应（图3-7）。龙干上的副梢保留 5～6 片叶进行摘心，冬剪时，水

图 3-7 斜干单臂水平龙干 V 形架侧面

平主蔓剪截到成熟节位,一般剪口粗度 0.8 cm 以上。主蔓副梢保留剪口粗度为 0.6~0.8 cm。

3. 斜干单臂水平龙干 V 形架优点

将葡萄树的主蔓绑缚在篱架第 1 道架丝上,结果枝新梢分别倾斜绑缚在两边架丝上。这种架式通风透光更好,提高了结果部位,减轻了果实病害和污染,适合密植,易获得高产稳产,架面管理也方便。

3.4.3 斜干水平龙干棚架

1. 树体整形修剪

主干基部具"鸭脖弯"结构,利于冬季下架越冬防寒和春季上架绑缚,防止主干折断(图 3-8)。主干垂直高度 1.6~1.8 m。主蔓沿与行向垂直方向水平延伸,主蔓与主干夹角呈 120°,便于主蔓冬季下架绑缚。结果枝组在主蔓上均匀分布,枝组间距 10~15 cm。主干基部长 10~15 cm,部分垂直地面。主干于距地面 10~15 cm 处呈 90°沿水平面弯曲,此段长 80~100 cm。主干于水平弯曲 80~100 cm 处呈 90°沿垂直面弯曲并倾斜上架,倾斜程度以与垂线呈 30°为宜。新梢与主蔓垂直,在主蔓两侧水平绑缚呈水平叶幕;新梢间距 10~15 cm;新梢长度 1.2~1.5 m(图 3-9)。

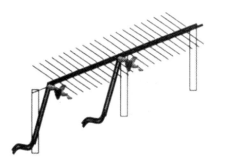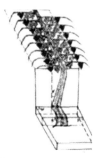

图 3-8 斜干水平龙干棚架示意图

图 3-9　斜干水平龙干棚架

2. 斜干水平龙干棚架优点

斜干水平龙干棚架在冷棚中只需借助冷棚中的顶棚架即可，在上架时依托竹竿攀爬即可，不需要大量架材，因此该架形较省人工与物料。按斜干水平龙干棚架配合水平叶幕标准建园的葡萄园，可以实现葡萄园建园、土壤管理、施肥管理、灌溉管理、植保管理、简化修剪和越冬防寒等的机械化操作，有效解决了葡萄栽培管理过程中的农机、农艺融合问题。斜干水平龙干棚架在整形过程中，主干基部高出地面 10～15 cm 后呈 90°贴于地面弯曲，并向前攀爬约 1 m 后再倾斜上架（图 3-10），这样改良后的双弯棚架，最大限度地保障了葡萄树体主干在下架埋土时不被折断，延长了葡萄的生产年限，保障了葡萄的安全生产。

图 3-10　斜干水平龙干棚架侧面

3.4.4　抗寒栽培架式组合

3.4.4.1　倾斜式水平龙干篱架＋斜干单臂水平龙干 V 形架

1. 技术要点

冷棚中倾斜式水平龙干篱架分为 2 排，分别位于冷棚两侧，与棚边保持 1.2 m 距离，棚中间位置设置斜干单臂水平龙干 V 形架（图 3-11）。

2. 产量

埋土防寒区，采用倾斜式水平龙干篱架＋斜干单臂水平龙干 V 形架组合，每亩冷棚葡萄产量为 1 190 kg。

3. 优点

与传统扇形整形相比，倾斜式水平龙干篱架具有的优点有，①操作方法简便，易于生产者掌握；②树体结构简洁，架面通透性能良好；③易于实现枝叶和果实的分离管理；④结果母枝和新梢的一致性好；⑤葡萄果穗及果粒的营养供应较均一；⑥株距可大可小，易于实现对树势的调控；⑦最终可实现短或极短梢修剪，易于管理；⑧更有利于埋土，可实现机械化作业。

在埋土防寒区，冷棚中采用倾斜式水平龙干篱架＋斜干单臂水平龙干 V 形架组合具有通风顺畅（图 3-12）、病虫害发生率低、修剪管理方便、树体成形快、可于第二年进入丰产期、树体下架埋土与出土上架方便、取土量较小、树体不易折断、越冬安全系数高等特点，

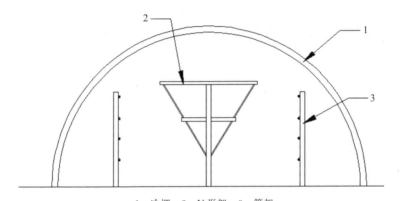

1. 冷棚；2. V 形架；3. 篱架

图 3-11　倾斜式水平龙干篱架＋斜干单臂水平龙干 V 形架示意图

图 3-12　倾斜式水平龙干篱架＋斜干单臂水平龙干 V 形架

这种架式组合较好地利用了冷棚的栽植空间，提高了土地产出率（图 3-13）。

图 3-13　倾斜式水平龙干篱架＋斜干单臂水平龙干 V 形架侧面

3.4.4.2　倾斜式水平龙干篱架＋斜干水平龙干棚架

1. 技术要点

冷棚中倾斜式水平龙干篱架分为 2 排，分别位于冷棚两侧，与棚边保持 1.2 m 距离，棚中间位置设置斜干水平龙干棚架（图 3-14）。

2. 产量

在埋土防寒区，倾斜式水平龙干篱架＋斜干水平龙干棚架组合，每亩冷棚葡萄产量约为 1 227.5 kg。

3. 优点

在埋土防寒区，冷棚中采用倾斜式水平龙干篱架＋斜干水平龙干棚架具有通风好、病虫害发生率低的优点。倾斜式水平龙干篱架具备树体成形快，出土上架与下架埋土方便，管理成本低等优点。斜干水平龙干棚架虽然成形慢，但该树形的结果枝组在棚架上水平分布，棚架则能适应冷棚内的高温、高湿、光照不足。且能缓和植株徒长现象，满足葡萄向前生长所需要的宽阔架面，以有效地利用空间、光能以提高产量。果实品质较高。但它的前期产量较低，因此和倾斜式水平龙干篱架搭配，具备产量高的优点，还可避免前期棚架闲置和降低建立棚架的成本，缓解建园的投入压力（图3-15）。

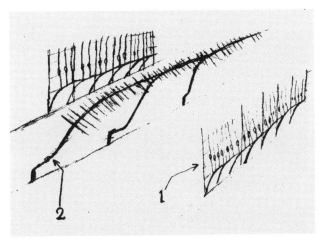

图3-14 倾斜式水平龙干篱架＋斜干水平龙干棚架示意图

图3-15 倾斜式水平龙干篱架＋斜干水平龙干棚架

3.4.4.3 斜干水平龙干棚架＋斜干单臂水平龙干 V 形架

1. 技术要点

冷棚中，斜干水平龙干棚架共 2 行，分别位于冷棚两侧，与棚边保持 1.5m 距离，棚中间位置设置斜干单臂水平龙干 V 形架（图 3-16）。

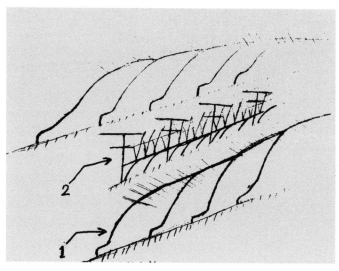

图 3-16　斜干水平龙干棚架＋斜干单臂水平龙干 V 形架示意图

2. 产量

在埋土防寒区，斜干水平龙干棚架＋斜干单臂水平龙干 V 形架的每亩冷棚葡萄产量为 1 250 kg 左右。

3. 优点

在埋土防寒区，冷棚中采用斜干水平龙干棚架＋斜干单臂水平龙干 V 形架具有通风良好，病虫害发生概率低，树体管理方便等优点（图 3-17）。冷棚两侧的斜干水平龙干棚架采用宽行稀植的方式管理，栽植株距为 4～5 m。棚架可显著增加结果枝的节间粗度、单穗重、单粒重，这是因为棚架的顶端枝蔓水平生长，抑制了顶端优势，棚架的结果枝组是水平向两侧生长，有效光合叶面积最大，所以产量较高，挂果整齐，方便修剪管理，日灼现象发生概率小，果实品质高。前期，斜干水平龙干棚架成形较慢，但其与斜干单臂水平龙

44

干 V 形架搭配可充分利用冷棚内空间。在不遮光的情况下，形成立体的栽培模式既增加了产量，又可避免前期棚架闲置，缓解建园的投入压力（图 3-18）。

图 3-17　斜干水平龙干棚架＋斜干水平龙干 V 形架侧面

图 3-18　斜干水平龙干棚架＋斜干单臂水平龙干 V 形架

　　我们通过研究不同栽培架式的丰产性、省工性及简约性等特点，并进行了架式改良，将其有机地搭配组合，以更好地适应埋土防寒区的气候与栽培特点，从而更好地保障埋土防寒区冷棚葡萄的安全越冬。

　　倾斜式水平龙干篱架＋斜干水平龙干棚架和斜干水平龙干棚架＋斜干单臂水平龙干 V 形架组合都是采用了篱架与棚架相结合的方式。这种组合在保障葡萄埋土下架方便简约的前提下，充分利用了冷棚的空间，形成了上有棚架、下有篱架的立体空间格局，这种抗寒栽培架式组合在提高葡萄产量的同时，也提升了葡萄的果实品质。

第4章

设施葡萄树体更新方法 ◀◀◀

4.1 设施葡萄棚架的优点

架式结构决定叶幕类型，从而影响光合产物的合成。由于设施中光照条件差，叶片功能下降，采用合理的架式结构能提高光合效率。合理的树形不但能满足植物正常生长发育的需求，还能使果树提早进入结果期，提高果树的产量和品质，延缓果树的衰老，延长设施果树的经济收益年限，这是提高设施葡萄品质与产量的重要途径。

葡萄适应性较强，架式管理是葡萄栽培中一项重要的管理措施。选择合适的葡萄架式不仅有利于后期葡萄优良品质果实的形成，而且对树体生长也起到重要作用。在设施栽培中选择适合葡萄生长的树形和修剪方法，对于设施葡萄真正实现优质、稳产、高效，将起到很大的作用。

棚架非常适合设施观光葡萄园使用，在葡萄架下修建观光步道、水池或是摆放桌椅以备游人餐饮娱乐使用；由于其架面较大，行距较宽，日光温室定植的苗木仅需篱架的 $1/5 \sim 1/3$，有利于发挥观光葡萄"占天不占地"的优势，为游客留出更多休憩娱乐空间。整个棚架树形整齐规范，冬夏季修剪规范简单，便于掌握，节省劳动力；

果穗在架面上整齐划一,增加观光园的美观度,树形为宽顶水平形,属于高光照树形,利于枝条的花芽分化。

4.2　葡萄树体衰化原因

①葡萄多年生主蔓,由于枝龄较长,枝蔓较粗,组织老化,加之剪口、伤疤不断增加,影响输导组织的畅通;由于结果部位的上移,下部光秃,造成侧蔓衰弱,结果能力大大降低。由于一部分葡萄园品种老化以及栽培管理技术落后,葡萄品质和产量的提高受到了极大的制约。这些果园若采用建园来改造会有许多具体困难,而且不能解决产量骤降的难题。

随着栽培管理时间的延长,葡萄主蔓的老化和葡萄品种的老化不可避免。主蔓老化的速度主要取决于果农的管理水平,如每年修剪造成的伤口大小、枝干病虫危害程度、负载量及树体营养水平等。由于园址选择不合理、栽后管理不善或遇自然灾害如冻害、早晚霜、冰雹袭击后补救措施没跟上,导致树势严重衰弱,经济效益变差。

②品种老化的主要原因是葡萄种植户对市场需求没有预见性,没有考虑品种特性及品种对当地水、土等自然条件的适应性,建园时盲目选择名、特、优品种。这些品种在当地发展时因抗寒性、抗逆性、耐贮运性差而不能产生应有的经济效益,因此步入淘汰行列。要实施有效的更新,必须根据老劣葡萄园的实际情况区别对待。

③葡萄是木质藤本冬眠果树,休眠期的抗寒能力有一定局限。当寒冷地区的冬季低温环境超过抗寒力极限时,植株则发生冻害。葡萄不同部位的抗寒能力不同,总体来说,枝蔓比芽眼抗寒,枝蔓可耐受 $-25\sim-20℃$,芽眼可忍受 $-23\sim-18℃$,枝条的抗寒性主要与成熟度相关,成熟度与前期冷驯化相关联。芽眼比根系抗寒,根系在 $-4℃$ 时出现冻害,在 $-7\sim-5℃$ 时即死亡。越冬冻害是指作物在越冬期间,因长时间处于 $0℃$ 以下的低温环境而丧失了生理活动能力,从而造成植株受害或死亡的现象。虽然低温冻害的发生机制复杂,出现频率较低,但一旦发生不仅影响范围大、受灾作物广,

且减产幅度大，损失极为严重。在设施条件下，冷棚葡萄发生冻害的概率高于温室。由于埋土较浅或封冻水浇灌量不足，都极易导致冻害的发生。温室葡萄冬季虽不用下架，但闷棚前封冻水浇灌量不足，或者温室前长期有遮挡物存在，温室在冬季长期见不到光，都易导致温室葡萄冻害的发生。以上原因对设施葡萄造成了严重的危害。

为了保证葡萄植株的生长平衡和树势健壮，促进衰弱植株更新复壮，延长树体的结果年限和经济寿命，需要对树体不断更新。近几年，我们利用老园改造和嫁接更新等技术使效益较低的葡萄园得以逐步更新，树体重新焕发活力。

4.3　设施葡萄树体更新方法

根据冷棚与温室不同的栽培环境，树体的栽培架式和树体营养状况，研究出四种不同类型的葡萄树体更新方法，包括高接换种法、老树平茬更新法、高干截干断臂回缩法和平茬萌蘖双弯法。

4.3.1　高接换种法

葡萄高接换种法常采用葡萄绿枝嫁接法。葡萄绿枝嫁接具有操作简便、嫁接速度快、嫁接成活率高等特点，常用于葡萄老园改造和新品种引进扩繁（图 4-1）。

1. 截干留枝

先将葡萄老主干截去，一般在棚架葡萄树干高度为 1.3～1.6 m 的位置截干（即将葡萄树体在爬上棚架前，将部分直立老干平截，以保持树体顶端优势）。截干后，选留截口附近的健壮的营养枝条进行嫁接。

2. 绿枝嫁接

嫁接一般在葡萄砧木和接穗的嫩枝半木质化时，一年生枝蔓直径达 0.4 cm 以上进行嫁接。嫁接时将需要的良种葡萄萌发的新梢作接穗，随采随去掉叶片，保留叶柄 1 cm，立即用干净的湿毛巾包好，

图 4-1　高接换种法

使用时从湿毛巾中取出，用刀片在芽下方 1 cm 处的两侧削成楔形，斜削面长 2 cm，在芽上方 2 cm 处切断。然后用劈接法将其嫁接在需要更新的老树萌发出的木质化相同的、留有 3～5 个芽的萌蘖或新梢上，用塑料条包严扎紧接口，然后用塑料袋将接穗和嫁接部位套住，绑严保湿。约半个月左右，接芽萌发展叶，随后逐步将袋口打开通风，直到去掉。嫁接部位绑条解缚不要过早，在其影响枝条加粗生长时解除。设施葡萄品种更新可采用高接换种法。在埋土防寒区，温室品种高接一般在 5 月中旬至 6 月中下旬，冷棚葡萄高接一般在 6 月初至 6 月下旬。

3. 嫁接后管理

嫁接后，以集中树体营养，促进接穗萌发生长和充分成熟为主要目的。嫁接后，立即浇透水，并加强温湿度调控管理。在接穗接近萌芽的前期，会有较集中的砧木隐芽大量萌发，必须将其从基部全部清除干净，直至接穗芽萌发并成为生长的主导。萌发后，以正常的肥水管理即可，无须过大肥水。在生长势好的情况下，主梢延长头可在水平架面上一直生长，至 8—9 月再做摘心处理，并且可以利用副梢作为下年度的结果母枝培养。

4.3.1.1　绿枝嫁接注意事项

1. 注意品种间的亲和力

嫁接后砧穗能否很快亲和，黏成一体并开始正常生长发育的关键在于品种的亲和力。这是嫁接成败的基本条件。

2. 要把握住嫁接时机

嫩枝嫁接成活率高的关键是掌握在砧穗嫩枝都达到半木质化（确定是否半木质化，可将枝条截断观看，截面髓心略见一点白，其余部分呈鲜绿色，木质部与皮层界限难分清）时进行，过嫩、老化都会影响成活率，导致嫁接失败。

3. 要掌握熟练的操作技巧

嫁接时，速度要快，接穗切削面要平滑，砧穗要密接，包扎要严紧。如果速度太慢，切削的砧穗会氧化变褐，风干失水，嫁接后必然影响成活率。

4. 要控制好温湿度

嫁接口产生愈伤组织的最佳温度是 24～27℃，相对湿度大于80%。嫩枝嫁接正值 6 月中下旬，温度适宜，形成层细胞活跃，嫁接容易成活。但这段时间气候干旱，蒸发量较大，嫩枝嫁接要注意保湿。嫁接后除认真包扎防止失水外，还要用塑料袋将嫁接部位套好。后期在塑料袋下部开一个透气口，以利透气，防高温日烧。

5. 加强嫁接苗的管理

嫁接成活后，砧木上会长出许多萌蘖。为了保证嫁接成活后新梢迅速生长，不致使萌蘖消耗大量的养分，应该及时把萌蘖除去。

进行葡萄绿枝嫁接，大多使用塑料条捆绑，塑料条和塑料套能保持湿度，有弹性，绑得紧。其缺点是时间长了，会影响接穗及砧木的生长。一般当新梢长至 30 cm 左右时要及时解除接口上绑扎的塑料条，防止影响枝条加粗生长，但也不能过早解除绑扎物，以免影响嫁接的成活。为控制枝梢徒长，促进枝梢成熟，提高越冬防寒的能力，当接穗新梢生长到 40～50 cm 时，要进行摘心。可反复摘心 2～3 次。后期，葡萄园的白粉病、霜霉病比较严重，而且主要危害幼叶，因此，必须加强对病虫害的防治工作，有效地保护幼嫩枝叶的生长。嫁接后的植株生长旺盛，喜肥需水，应及时施肥和灌水，以促进嫁接苗木的生长。特别是叶面肥的补充，一般每 7～10 天喷施 1 次0.3％的磷酸二氢钾或其他叶面肥，连用 3～4 次，以促进枝条老熟，安全越冬。

4.3.1.2　绿枝嫁接技术要领

1. 嫁接时间

5 月下旬—7 月上旬都可进行，以 6 月嫁接最适宜。适时早接，有利成活和成活后的生长及成形，枝蔓成熟好，如有接不活的还可进行补接。

2. 接穗的选择和处理

采用生长健壮、芽眼充实饱满、半木质化新梢。采后留 1～2 cm 叶柄去叶和去副梢。因为接穗较幼嫩，气温又高，所以要特别注意接穗的保鲜工作，这是提高嫁接成活率的关键。

3. 嫁接

单个接穗长 1～2 芽，芽上留 2 cm，芽下留 4～5 cm 剪断，芽下削成削面长 3 cm 左右的楔形劈接接穗，原品种新梢留 2～3 节剪断，去副梢，在新梢截面中部垂直切 3 cm 左右长的接口；然后慢慢地插入接穗，接穗削面上部微露白，形成层对好，用宽 1.5 cm 的塑料薄膜条从下至上绑缚，只露接芽，接口、砧木断面、接穗顶端断面要全都包严。

4. 嫁接后的管理

嫁接后 10 天检查成活，凡芽眼新鲜，有的将要萌动，表示嫁接成活了。成活的要及时抹除副梢，没成活的可以补接。新梢长到 20～30 cm 时解绑。嫁接较早，生长旺的可进行摘心，促发副梢健壮生长，有利整形和新梢的充实。

5. 及时补接

对第一次嫁接没成活的枝蔓，可以在原新梢上或附近新发蔓上补接。经过高接换头的葡萄，1～2 年就基本恢复原来的产量，尤其对一些老葡萄植株，既更换了新品种，又起到更新复壮的作用。

嫁接特别注意：①尽可能选择与砧木粗度接近的接穗，接穗削得要长一些，但不要削得过薄，以免与过粗的砧木绑缚成整体时不受力而折断；②选择弹性稍好的嫁接膜，膜要裁剪得宽些，宽度以一次缠绕能够将接穗和剪口处完全包裹住为好，并且不留内折的塑料膜在接口处，这一点特别关键，否则为解绑或异物留存接口留下隐患；③过粗的砧木的剪口可做特殊的斜口处理，即砧木平剪完，纵向劈开后，可在一侧开口位置剪一斜口，使剪口处的平面减少，更有利于捆绑成一体和接后的愈合；④在捆绑的细节上，在砧木平剪口以下多缠绕几圈，以更好地将接穗与砧木捆绑成一体，但在向上缠绕封口时，由剪口处过渡到接穗时一定要一圈绕过，封严的同时不留下向内折的塑料膜，否则后患无穷；⑤当新梢以水平方式引缚且不进行下架埋土越冬时，可在嫁接后 2～3 个月，视新梢长势情况及时解除接口处的塑料膜，以利于接口愈合和更好地加粗生长。如果新梢不是水平方式引缚，或者葡萄蔓还需要下架埋土越冬，接口就不可过早解除，需等到来年生长季的中期才完成解绑工作。在这个生长季节要不定期检查嫁接口的增粗和愈合情况，特别是异常的接口需要解除原嫁接膜并重新绑缚完好。

4.3.2　老树平茬更新方法

平茬更新是通过夏季适时对温室葡萄植株平茬修剪，刺激树体基部潜伏芽或其他芽萌发，使其在适合葡萄花芽分化的环境（长日照、高温）下培养成新的植株，实现花芽再分化的一种修剪方式。

葡萄老树平茬更新适用于设施葡萄品种具有休眠障碍、树势衰弱、树体冻害等情况。

1. 休眠障碍

葡萄树体休眠障碍具体表现为无新根生成；萌芽迟，不整齐，萌芽率低；新梢长势弱，无副梢生成；叶片叶缘下卷，早期黄化、脱落；花序分化差，开花不整齐，坐果率低；果穗小，大小粒现象重，浆果成熟不一致，品质下降，减产或无产量。为此，日光温室葡萄，首先必须满足树体的休眠需求，确保当年发育正常，其次一旦发生休眠障碍现象，必须平茬更新，恢复树势，重新诱导花芽分化，确保次年正常结实。

2. 树势衰弱

由于枝龄较长，枝蔓较粗，组织老化，加之剪口、伤疤不断增加，影响输导组织的畅通；一部分葡萄园品种老化，结果部位外移，树形、架式不合理，导致树势衰弱，产量较低，效益不佳，加之栽培管理技术落后，极大地制约了葡萄品质和产量的提高。部分日光温室在12月中旬前升温，但葡萄花芽分化需要在光照时间短、温度低的环境下进行，所以导致花芽分化节位提高（即超节位分化现象）或花芽分化差，为此必须采取长梢修剪或平茬更新。

3. 树体冻害

在埋土防寒区设施条件下，冷棚葡萄由于埋土较浅或封冻水浇灌量不足导致了树体冻害的发生；冬季温室葡萄如果闷棚前封冻水浇灌量不足或者温室前长期有遮挡物存在，导致冬季长期温室不着光，都易导致温室葡萄冻害的发生，这都严重导致葡萄树体的存活与结果能力。

4.3.2.1 迫使枝蔓上的潜伏芽萌发

北京地区平茬时间在4月10—20日为宜，确保更新后发出的新梢在6—8月高温、长日照时期生长成新植株，保证花芽分化良好。如果没有留出足够的树体恢复时间，平茬更新后，萌芽有时不整齐，影响平茬更新效果。

在枝蔓距离嫁接口上部10～20 cm处平茬，15～20天后可使枝蔓上的潜伏芽萌发，然后根据需要，选留1～2个健壮新梢，培养成新植株（翌年的结果主蔓）。当新梢长至 1 m 左右时，可将新梢引缚在竹竿上，保持新梢直立，逐步将新梢引缚在棚架架面上，并注意培养侧枝，保障侧枝长势均匀，并用摘心的方法控制新梢的生长节奏。在北京延庆区，香妃、粉红亚都蜜、夏黑等品种采用该法均表现良好。

该方法优点是新植株长势旺，整齐。其缺点是平茬后萌芽略晚，一般需要 15～20 天。植株偶尔表现出徒长现象，应控制肥水或多留新梢分流营养，多出的新梢可以直接用于结果，也可在修剪时疏掉。

4.3.2.2　平茬后管理

（1）树体平茬后，及时浇足萌蘖水。葡萄老旧树干截去后，撒施尿素 10 kg/亩，并浇大水，以促进树干伤口萌蘖形成。

（2）树体修剪管理。当萌蘖新梢长至 1 m 左右时，可将新梢引缚在竹竿上，保持新梢直立，逐步将新梢引缚在棚架架面上，在架面上使新梢保持直线爬行，并注意侧枝的修剪，一般为保障第二年见果或丰产，可使侧枝保留 5～6 片叶摘心，这样可保障侧枝的成熟度。

（3）薄肥勤施。当萌蘖长成 1 m 左右的新生枝条后，为了促进新枝生长，可进行第一次追肥，每株追施 50～60 g 尿素，以后每隔10 天追肥一次，直到 8 月中旬。当苗木达到一定生长量后，追施氮、磷、钾三元复合肥，每株追施 200～250 g，以促进枝条的成熟，培养健壮的葡萄树势。生长期为促进树势增强，还可以在沟面上倒腐熟羊粪或鸡粪 1 000 kg/亩，并翻施，翻施后浇大水。

（4）秋季开沟施肥。秋季距离树干 40～50 cm 位置开沟，沟的深度 40～50 cm，宽度 40～50 cm，施加腐熟羊粪 1 500 kg/亩，开沟施肥后浇大水，这样有利于促进新根的发生和花芽分化，并有利于第二年结果丰产。

葡萄老树平茬更新方法如图 4-2 所示。

4.3.3　高干截干断臂回缩法

葡萄"高干截干断臂回缩法"适用于两种情况：①因设施葡萄

图 4-2　葡萄老树平茬更新方法

受到冻害后，导致树体萌芽不整齐、萌芽率低、秃干等现象，但仍需要保留原有品种。②由于葡萄树龄较长，枝蔓较粗，组织老化，加之剪口、伤疤不断增加，影响输导组织的畅通，导致树势衰弱，产量较低，效益不佳。

这两种情况可采用高干截干断臂回缩法进行树体更新。对于温室中的单干双臂棚架树形或者单干单臂独龙干棚架树形均可以采用该方法。设施条件下，一般在6月初至6月中旬实施葡萄"高干截干断臂回缩法"更新树体，可保障树体更新2～3月后，树体即可成形，翌年即可丰产（图4-3）。

高干截干断臂回缩法技术步骤

1. 断臂回缩

针对温室中的单干双臂棚架树形或者单干单臂独龙干棚架树形，首先在距树干高度1.6 m～1.8 m位置，将棚架上的单条或两条主蔓进行回缩，回缩至直立主干附近有较好发育枝条的位置。

2. 选留枝组

回缩至直立主干附近有较好发育枝条的位置，根据更新树体附近情况，如果缺株断垄严重，可多留枝条进行培养，培养枝条数最

图 4-3 葡萄高干截干断臂回缩法

多 4 条,以弥补植株空缺。

3. 老干截顶

当棚架的单臂或双臂回缩并将选留的枝组留下培养成结果主蔓时,可将老干的顶部截去,截断位置在预留培养枝组上方 10 cm 左右位置,以促进树体养分集中供给新培养的枝条。

4. 树体管理

树体更新后，及时进行土壤补水，可大水浇灌，或者结合浇水撒施尿素 7.5 kg/亩，或高氮复合肥 15 kg/亩，利用设施中的高温、高湿条件，促进新枝快速生长。一般为保障更新树体第二年见果或丰产，可使侧枝保留 5～6 片叶摘心，这样可保障侧枝的成熟度。当主蔓生长过旺，枝条节间大于 20 cm 时，及时摘心可控制枝条的生长势。

4.3.4　冷棚葡萄平茬萌蘖双弯法

在北方埋土防寒区，一些冷棚常采用棚架栽培架式，虽然前期取得了较好的经济效益，但随着树龄的增大，葡萄进入盛果期后，直立的主干逐年加粗，逐渐暴露主干基部不易压倒，埋土时不易弯曲的缺点，干基高出地面达 60 cm 以上。因此，防寒土堆不得不随之加高，致使行间取土量过大，葡萄根域土层变薄，不仅增加了葡萄埋土与出土的工作量，主干也极易压伤受损。葡萄在冬季下架埋土时由于外力等作用，致使葡萄主蔓折断或树体损伤，对设施中的棚架栽培架式尤其明显。这种情况会严重影响葡萄下一年的产量与品质，使果农遭受到了严重损失。在葡萄树体被折断后，很多果农采取的是刨根重新栽植新苗的办法进行弥补。这种办法的缺点是见效慢，葡萄进入丰产期需要 3 年的时间，这无疑加重了果农的管理成本与经济负担。

为了解决冷棚棚架葡萄折断及损伤后，新栽苗木见效慢的问题，研究出了"冷棚葡萄平茬萌蘖双弯更新法"（图 4-4）。该技术可以在保障树体安全越冬的前提下，以最快的速度更新受损树体，并使冷棚葡萄进入丰产期。

4.3.4.1　冷棚葡萄平茬萌蘖双弯法的更新步骤

①受损或受冻葡萄树体应先在距离地面 50 cm 的位置，将葡萄老旧树干截断，保留下端的树干，保留树干高度为 20～40 cm；截断后，经过 10～20 天的生长，截去的位置产生愈伤组织，继而形成萌蘖，当萌蘖生长 15～20 天后，萌蘖的新枝条长至 1～1.5 m；此时葡

图 4-4　冷棚葡萄平茬萌蘗双弯法

萄新枝条铺地爬行，利用铺地爬行的特点，使新枝条铺地爬行 0.8～1 m 的距离；这样主干基部具"鸭脖弯"结构，利于冬季下架越冬防寒和春季上架绑缚，防止主干折断。

②枝条在水平贴地爬行 80～100 cm 处呈 90°沿垂直面弯曲并倾斜上架，倾斜程度以与垂线呈 30°为宜。在地面上插入竹竿，竹竿与地面呈小于 40°的夹角，将新枝条绑缚在竹竿上，使新枝条延竹竿倾斜向上爬至棚架，主干垂直高度 1.6～1.8 m。主蔓沿与行向垂直方向水平延伸，主蔓与主干夹角呈 120°，便于主蔓冬季下架绑缚。主蔓爬至棚架上后，新枝条即在棚架上平铺生长结果，新梢与主蔓垂直，在主蔓两侧水平绑缚呈水平叶幕；新梢间距为 10～15 cm；新梢长度为 50 cm～80 cm；并在次年结果并丰产。

4.3.4.2　修剪管理

①当萌蘗的新枝条沿竹竿向棚架生长时，及时进行葡萄树体的副梢管理；将主干贴于地面爬行的 1 m 位置处，将副梢与叶片全部剃光，使营养都集中于树体中上部，以利于顶端枝条的营养生长。

②对攀附在竹竿上的新枝条进行副梢管理，副梢留够 1～2 片叶进行摘心，保障足够叶片数量进行树体营养生长。

③当新枝枝条沿竹竿爬至棚架上时，将棚架上的新生枝条副梢留够 5～7 片叶进行摘心，作为翌年结果的母枝。

4.3.4.3 土肥水管理

1. 及时浇足萌蘖水

葡萄老旧树干截去后，撒施尿素 5 kg/亩，并浇大水，以促进树干伤口萌蘖形成。

2. 薄肥勤施

当萌蘖长成 1 m 左右的新生枝条后，为了促进新枝生长，可进行第一次追肥，每株追施 50～60 g 尿素，以后每隔 15 天追肥一次，直到 8 月中旬。当苗木达到一定生长量后，追施氮、磷、钾三元复合肥，每株追施 150～250 g，以促进新根的发生和花芽分化，培养健壮的葡萄树势；生长期为促进树势增强，在沟面上倒入腐熟羊粪 1 000 kg/亩，并翻施，翻施后浇大水。

3. 秋季开沟施肥

秋季距离树干 40～50 cm 位置开沟，沟的深度 45～50 cm，宽度 45～50 cm，施加腐熟羊粪 2 500 kg/亩，开沟施肥后浇大水，这样有利于促进新根的发生和花芽分化，并有利于第二年结果丰产。

第5章

土壤肥料与营养 ◀◀◀

5.1 葡萄对肥料的需求

粪便中含有大量的病菌等有害物，羊粪也不例外。实验证明，羊粪中含有大量的大肠杆菌、线虫等病虫病菌。如果不经处理，直接在农田施肥使用，病虫害就会出现，从而导致农作物生病。

为了避免庄稼受害，在施肥之前一定要对粪便进行发酵处理。粪便中含有一定的产生热量的成分，如果羊粪不发酵就用在农作物上，会让农作物烧根、烧苗，最后枯萎死亡。此时，发酵就显得尤为重要，因为发酵的过程能分解粪便中的大部分产生热量的成分。

由于牛吃的品质单一，牛粪的有机质和养分含量都比较低，再加上其质地细且密，含水量高，分解速度慢，发热量低，因此归属于迟效性肥料。至于成分，则有机质占比 14.5%，氮占比 0.30%～0.45%，磷占比 0.15%～0.25%，钾占比 0.10%～0.15%。羊粪的发热量处于马粪与牛粪之间，也归属于热性肥料，其中有机质占比24%～27%，氮占比 0.7%～0.8%，磷占比 0.45%～0.6%，钾占比 0.4%～0.5%。通过对比，发现羊粪的有机质含量较高，且粪质细，肥分浓厚，有利于农作物生长。

肥料是现如今土壤不可或缺的物质，也是保持农作物产量的基础。作物的生长离不开营养元素，而土壤本身所含的能被作物直接吸收利用的营养元素的有效成分含量都比较低，所以需要以肥料的形式补给，以供作物利用。施肥对土壤物理性质的影响主要是影响土壤孔隙度、团聚体结构，从而影响到土壤容重。施肥可以改变土壤微生物环境和酶环境，特别是施用有机肥。有机肥的施用有利于提高各种土壤酶含量。

和其他作物一样，果树至少由 40 多种元素组成，必需的元素有 16 种。果树在生长过程中需要的元素分为大量元素和微量元素，其中虽然微量元素在树体内含量极少，但缺乏它们会导致果树生理机能的失调，甚至死亡。葡萄产量和品质受肥料施用方法和施用量的影响，葡萄在生长过程中对氮、磷、钾的需要量最大。氮、磷、钾是葡萄"营养三要素"，也是葡萄生长周期中需求量最多的三种养分元素。葡萄的施肥量应从多方面考虑，主要从葡萄植株吸收的营养元素量、天然供给量，以及实际施用量几个方面来确定。在天然供给量中，氮一般约占吸收量的 1/3，磷约占 1/2，钾约占 1/2。葡萄植株对肥料的利用率，氮占 50%、磷占 30%、钾占 40%。

不同生育期施肥比例对葡萄叶片矿质元素含量的影响表现为：在叶片的周年生长过程中，氮、磷、铜元素呈现下降趋势；钾、硫呈现先上升后下降；钙、镁、锰、锌、钠呈现上升趋势；硼与铁呈现波动式变化。在果实中矿质元素变化表现为：氮、钙、镁、硫、锰、锌、铁表现为下降趋势；磷表现为先下降后上升的趋势；钾、硼、铜则表现为上升趋势。

5.2 氮

氮素是葡萄需求量较大的营养元素之一，对叶绿素的合成有重要的促进作用，氮素被称为"生命元素"，是葡萄必需的营养元素之一，是限制植物生长和产量形成的首要因素。氮素也是组成各种氨基酸和蛋白质所必需的元素，而氨基酸又是构成植物体中核酸、叶绿素、生物碱、维生素等物质的基础，施用氮肥可促进葡萄新梢生长，增加葡萄的枝叶数量，增强光合作用，从而提高葡萄产量。

研究显示，施足氮肥的果树，幼树枝叶繁茂，生长迅速，并促进成年树芽的分化和萌发。同时，氮能促进蛋白质和叶绿素的形成，增加叶面积，提高光合效率，促进碳同化，营养物质的积累，提高坐果率，在果实产量及品质形成中起着重要的作用。在葡萄生长周期中，花期至幼果膨大期对氮素的需求量最大，从果实着色期开始逐渐减少，果实成熟期吸收最少，待葡萄收获后，在葡萄再次生根时进一步吸收氮素。缺氮时，树体营养不足，果实发育不良，产量降低。但是氮肥施用过量会使葡萄枝叶徒长，造成过剩的营养生长，从而使得生殖生长欠佳，也会滋生各种病害，还会造成氮素利用率的降低和环境的污染。

研究发现，氮肥过多，造成葡萄新芽萌发迟缓，并且先端发芽粗壮，而下端发芽较少、节间长、葡萄叶呈深绿色、新梢发育迟、枝条显扁平、髓部较大、果实色泽差、口感不佳，且糖分含量低。因此，掌握好施氮肥的量，肥地少施，薄地多施。因此，科学合理的施用氮肥是葡萄生产中丰产、优质的保证。膨大期至成熟期的氮素营养状况与果实的生长发育关系密切。研究表明，果实膨大期为葡萄树氮素营养的最大效率期，即该时期施肥的效果最好。

氮与葡萄枝叶生长和产量形成关系密切，适量供氮使幼树枝叶繁茂，树体生长迅速，并促使成年树的芽眼分化和萌发。当土温达到12～13℃时，萌芽前后开始氮的吸收，葡萄生长前期需氮量较大，花序出现起开始活跃，一直到果实膨大期都保持大量吸收，进入着色期后，枝叶对氮的需要量减少，只有果穗中含氮量增加，这种增加是叶片和老组织中的氮向果穗中转移的结果。果实成熟后枝、叶、根等的氮含量升高有利于贮藏养分的蓄积。因此，在葡萄采收后，结合施基肥可以适当地施一些速效氮肥，对后期叶片的光合作用和树体进行营养积累、恢复树势有一定好处。采收后，养分在叶片中相对积累，但增加趋势不同，氮的增加趋势最明显，养分也开始向根、茎转移。由于采果后正处秋季，光热条件充足，叶片继续生长，不断制造养分。因此，仍需要氮素的补充。

5.3 磷

葡萄对磷的需求相对较少，是三要素中需求量最少的。磷素在能量代谢及遗传方面起重要作用。磷能促进葡萄须根的形成和生长，及时适量的磷肥供应还能促进花芽分化，使果实成熟加快，表现为着色好、耐藏。磷还能促进糖分的积累，使果实中糖酸比增加，从而提高果实品质，如果用于酿酒的话，还能改进葡萄酒的风味和品质。当磷肥不足时，容易引起落花落果，得"小叶病"；当磷过量时，影响植株对铁、硼、锌、锰的吸收。

磷是构成细胞核、磷脂和原生质等的重要成分之一，积极参与植物的呼吸作用、光合作用、碳水化合物的转化和促进多种酶的激活，调节土壤可以吸收氮的过程。磷素在碳水化合物的合成、运输和氮的代谢、脂肪合成以及提高葡萄对外界环境的适应性方面起重要作用，能促进葡萄糖分的运输和积累，有助于促进细胞分裂及幼叶、新根的生长，促进花及芽的尽早分化，花器官和果实发育；并提高授粉和种子成熟，增加产量，增加果实中可溶性总糖含量，降低总酸度，进而提高葡萄品质。此外，磷对加速花芽分化，促进果实成熟和着色，可使果实耐藏。适时适量施用磷肥，可促进葡萄根系生长，加速葡萄对水肥的吸收利用，增强抗旱抗寒能力，促进发根、花芽分化和幼嫩组织生长，还可降低葡萄含酸量而增加糖度。

葡萄萌芽展叶后，随着枝叶生长，开花和果实膨大，树体对磷的吸收量增多，应及时适量供给磷肥。其后期储藏于叶片中的磷向成熟的果实移动，收获后根部的磷含量增多。追肥和根外追肥多在果实生长期和果实成熟期施用，以促进果实着色和成熟，提高果实品质。葡萄对磷肥要求较高，吸收期自伤流期开始，新梢旺长期及果粒膨大期达到高峰，以后逐渐减少，采收后吸收量再次增加。因此，秋季施肥比春季施肥好。果实中的磷主要从叶片等器官输导供给。磷肥易被土壤固定，可采用根外追肥或基肥拌磷肥混施。现在很多设施园地为了改良土壤，开始大量施用腐殖酸类肥料，但是磷素过多会增强植物体的呼吸作用，消耗大量的糖分，使浆果的可溶性固形物含量下降。磷参与植物呼吸作用、光合作用等生理过程，对树体的生长发育具有十分重要的作用。磷在整个生长发育期内呈现逐渐下降的趋势，果实中磷元素含量以硬核期时最高。在葡萄发育过程中，随着果实膨大，磷的吸收量不断增加，因此在浆果生长期及成熟期时应注重追施磷肥，以提高果实品质。

5.4　钾

葡萄是"钾质作物"，对钾的需求量最多。钾参与碳水化合物的形成、积累与运输，还能促进果实糖分代谢，增强植株抗病虫害的能力。研究证明，施用充足的钾肥时，可显著提高葡萄的可溶性固形物含量产量，并能降低青果率，提高植株的抗寒性、抗病性。当钾不足时，叶片颜色会变淡，严重时影响果实品质。

葡萄在整个生育周期中对钾的需要量较大。钾能促进葡萄光合作用和糖分代谢，促进蛋白质合成、转运，提高抗寒、抗旱、耐高温和抗病虫能力，增强输导组织的生理机能，对于加快水肥和光合产物向各器官的运输有重要意义。钾在葡萄果穗和叶柄中含量最多，在果实完全成熟期以前一直吸收，果粒增大期至着色期叶柄和叶片中的钾移运到果穗中，导致叶柄和叶片中钾的含量减少，说明果粒增大期之后必须继续吸收和转运钾，果实才能完全成熟。增施钾肥可提高葡萄浆果的可溶性固形物含量，增施钾肥后，由于固酸比的提高，果实口感性较好。研究证明，钾肥可提高葡萄产量、改善浆果品质。此外，在葡萄成熟过程中需要大量的钾素来协调氮、磷的生理过程，从而加强光合作用，增加养分的积累和淀粉转化为糖。

施用钾肥可使枝条成熟提前 2～3 天，增施钾肥还可提高葡萄的叶片中叶绿素含量，有利于光合作用进行，这为葡萄浆果的糖分积累和提早成熟奠定了物质基础。钾肥对果实品质影响非常明显，因此在果实膨大期时，根据树体生长需求，适时适当使用钾肥，从而提高果实产量及品质。果实成熟时，钾元素从枝叶中转向果实，枝叶含钾量会下降。葡萄是喜钾类植物，对钾的吸收期较长，从萌芽到果实成熟，葡萄都需要一定量的钾肥。

总之，氮、磷、钾三元素在葡萄植株不同部位的含量与需求时期各不同。氮的含量以叶片最高，其次为新根和新梢。磷的含量以新根最高，叶片和新梢次之。钾的含量以果实最高，其次是叶片和旧梢。氮的积累量以叶片最多，果实次之。磷的积累量以果实最多，叶片次之。钾的积累量以果实最多，可占全植株吸收量的 70％以上。

5.4.1 硝酸钾

硝酸钾是氮钾二元复合肥，含钾 46％，含硝态氮 13.5％，白色粉末或结晶，溶于水，吸湿性小，是呈化学中性、生理中性的肥料。

硝酸钾优点：价格适中，速溶性好，不易吸潮，中性，提供的硝态氮吸收快，长期施用不会导致土壤酸化。硝酸钾可以促进果实的膨大。钾元素可以提高光合作用的强度，促进葡萄体内淀粉和糖的形成，增强葡萄的抗逆性和抗病能力，还能提高葡萄对氮的吸收利用。硝酸钾在果实膨大期使用，但不能在着色后期使用，因为硝酸钾含有硝态氮（速效，短时间内吸收较多氮素），在着色后期使用容易造成返青。

5.4.2 磷酸二氢钾

磷酸二氢钾作为磷钾复合肥，不含氯离子（有些作物对氯离子敏感），养分含量高，增产效果明显，含盐指数低，安全性好，被广泛地应用于农业生产。

磷酸二氢钾是无色四方晶体或白色结晶性粉末，不溶于醇，有潮解性，是生理中性、化学中性肥料，具有良好的水溶性。

优点：不易吸潮，磷钾总含量高，是目前高含量粉剂水溶肥中的必备原料。磷酸二氢钾在葡萄着色期使用可以促进上粉、着色，增加果实甜度。磷酸二氢钾中的磷是葡萄形成磷酸葡萄糖和许多辅酶的成分之一，其中的钾元素可以提高光合作用的强度，促进葡萄体内淀粉和糖的形成。在果实采摘后使用可以促进枝条老熟，提高果实木质化程度。

5.4.3 硫酸钾

硫酸钾含钾理论上为 54％，一般含钾量 45％～52％（以氧化钾计），同时含硫 18％，含氯离子≤3％，肥效持久。

硫酸钾通常状况下为无色或白色结晶、颗粒或粉末，吸湿小，无气味，味苦，质硬，是呈化学中性、生理酸性的肥料，具有很好的水溶性，贮藏时不易结块。

优点：价格较低，钾含量高，不易吸潮，可提供硫元素。但长期使用容易造成土壤酸化、板结。硫酸钾适用于葡萄着色后期至果实成熟期，促进果实上粉着色，增加果实甜度。硫酸钾与磷酸二氢钾对葡萄转色的作用很相似，也是钾元素在起较大作用。

5.4.4 氯化钾

氯化钾外观呈白色或浅黄色结晶，含有铁盐的呈红色，易溶于水，是一种高浓度的速效钾肥。可作基肥、追肥使用，基肥亩用量 8～10 kg,追肥亩用量 5～7 kg，叶面喷肥以 0.5％～1％为宜。适用范围相应较硫酸钾小，特别注意对西瓜、葡萄、薯类等对氯敏感作物谨防使用，以免产生"氯害"。另外，氯化钾不适用于盐碱土，但氯化钾里氯离子有促进光合作用和纤维形成等作用，对麻类等纤维作物施用尤为适宜。

硝酸钾、磷酸二氢钾都是速效肥料，并且市场售价较一般的钾肥高，所以不建议做底肥使用，尤其是硝酸钾，都是做追肥或者根外施肥用。硫酸钾相对便宜些，可以作根外追肥使用，宜与碱性肥料或有机肥配合施用。俗话说物极必反，大多时候果实长不大、上色困难，不是缺钾，而是钾施用过量，过量的钾肥能让葡萄枝条和叶片加速老化。如果枝条和叶片都老化了，光合作用就下降了，枝条的营养输送也下降了，起到相反的作用。虽然葡萄是喜钾作物，但它对钾的需求量也是有限的。钾肥虽好，过施不益，应根据实际情况定夺用量。

5.5 镁

植物体内时刻进行着各种生理代谢活动，几乎所有的代谢过程都需要镁离子来调节和活化酶促反应。镁是植物生长发育所必需的营养元素之一，植物对镁的吸收量比钾、钙少，但多于铁、锰、硼、锌等微量元素。镁对植物具有重要的生理代谢功能，作为叶绿素的中心原子对植物光合作用产生影响，是植物体内多种酶的活化剂，影响蛋白质的合成以及活性氧代谢等。葡萄植株需镁较多，葡萄的光合作用、磷的转化、果胶物质及维生素的生成、消除钙过剩的有害影响等全都离不开镁的参与。适量供镁能够促进葡萄新梢、叶片、根生长，稳定器官结构。随着镁素处理浓度增高，葡萄新梢生长、叶面积、比叶重及干重、根系活力、鲜重及干重均呈先升后降的趋势。葡萄植株大部分镁吸收集中在花序生长期至果粒增大期，果粒增大期前叶片和叶柄中蓄积的镁多量转移到果内，所以葡萄生长前期，注重镁肥施用对于葡萄生长发育非常重要。

5.6 钙

钙是植物生长必需的营养元素，在土壤中含量较为丰富，但是土壤交换性钙含量低，加上钙在树体内移动性小，很难被重新利用。钙能抑制多聚半乳糖醛酸酶（PGA）活性，保护细胞中胶层结构，减少细胞壁的分解作用，推迟果实软化，所以合理施钙能防止中胶层解体，延缓果实衰老，同时钙在调节多种胞内酶活性和调节果实品质方面也起着重要作用。施钙后由于碳水化合物合成加快，增加了营养物质积累，提高了内容物的含量，因此果实品质得以提高。施钙还可以提高葡萄糖度和延长贮藏期。果实中合适的钙浓度可以保持果实硬度，降低呼吸速率，抑制乙烯产生，延长果实贮藏寿命。施钙肥通常对防治或减轻缺钙果实生理病害、提高果实品质、保持果实硬度和延缓果实衰老等具有显著效果。

钙肥虽然是一种中量营养元素，但是易被土壤中的钾、钠、铵、镁拮抗，不易进入植物根内。钙在葡萄叶片中含量变化呈现为不断上升的趋势，而在果实中则表现为不断下降的趋势。由于葡萄树体从开始萌芽至果实成熟期时不断吸收钙，叶片中的钙含量不断增加，而由于钙转移性较差，钙主要集中在叶片中而并未向果实中转移。果实中钙含量主要来自果实发育初期钙含量的积累。在幼果期，施钙可以有效提高果实中的钙含量。果树施钙可采用土施、茎干注射、喷施或浸果等方法进行。由于钙液喷施效果好、操作便利，果树生产上应主要推行。

葡萄补钙 3 个阶段：①葡萄从萌芽到坐果期吸收全年 40％的钙，钙足则葡萄根系发达，新梢整齐健壮，开花坐果好。②葡萄从坐果期到硬核期吸收全年 30％的钙，钙足则果皮发育好，增硬防裂，叶片肥厚，根系发达，长势健壮，抗病能力强。③葡萄从硬核期到着色期吸收全年 30％的钙，钙足则果实增重产量高，果皮增厚裂果少，果柄增粗不掉粒，叶片健康不早衰。

5.7　合理施肥

合理施肥是提高果树产量和质量的关键。施肥是葡萄栽培中投入最多的环节，也是相对来说较难管理的工作之一。葡萄施肥可分为基肥和追肥。葡萄施用基肥的时间一般是在 8 月底到 9 月下旬，这时葡萄刚刚采收完，植株养分耗尽，树势较弱，需要通过施基肥来补充足够的养分，用于恢复树势和抵抗严寒，所以基肥的使用量一般很大。我国果树施肥包括地面施肥、树上喷肥、树干涂肥、输液施肥等方式。

葡萄生长与发育、产量与品质形成的物质基础是矿质营养元素。葡萄获取矿质营养元素的途径主要是从土壤中吸收，而保障土壤的肥力是关键，所以肥料是葡萄获取养分的重要保障与来源。合理地施肥构建合理的营养关系有利于土壤肥力的发展和生态环境的平衡。然而设施农业技术中的葡萄栽培与普通的大面积葡萄栽培又有所不同，主要有以下区别。

第一，设施栽培技术对于影响葡萄生长的环境因子要求相对稳定与严格，湿度与温度都要达到葡萄生长发育所要求的最适宜的条件，如此环境下相比于普通种植，更加有利于有机肥料的分解和肥力的吸收。

第二，由于在设施棚膜覆盖的环境条件下，没有雨水的淋溶，土壤中的肥料很少随水流失，由于葡萄整个生长发育时期所需营养元素或者矿质元素的量是一定的，所以被葡萄所吸收利用的肥料只是当年施入肥料中的一部分，有很大一部分会在土壤中残留，如此日积月累使得土壤中盐离子浓度逐年增加，如果没有合理的施肥方案，则很容易造成土壤盐毒害（如形成盐碱地）。

第三，由于一般的设施农业体系中的环境均是相对比较封闭的，葡萄在吸收养分之前，肥料需要分解成为葡萄可以吸收的离子，在该过程中的氮肥、铵肥以及复合肥的分解均会产生氨气和亚硝酸盐等有害气体或有毒物质，如果设施体系中的通风系统设计不合理或不及时通风，很容易对葡萄生长发育造成严重危害。

研究表明，科学合理的平衡施肥配比方案可有效增加设施中葡萄的新梢的粗度、新梢的长度及叶片的面积等。另外，平衡施肥不仅对设施体系中种植的葡萄外观形象有良好的改善，而且对设施葡萄的内在品质与食用口感有所改善。与普通种植的葡萄相比，总糖含量与可溶性固形物、花色苷含量以及维生素 C 含量等明显有所增加，且有效增加了设施葡萄的单粒重、单穗重，同时可降低可滴定酸含量，所以设施葡萄施肥更应该注意肥料的质量和用量。有机肥需先腐熟后施用，施肥后也应该及时灌水以免造成肥料烧伤根系，或者采用随水施肥的方式，简单安全又节约水资源。

5.8 地面施肥方法

地面施肥方法具有机械化程度高、容易操作等特点，在果树栽培过程中被果农广泛采用。地面施肥主要包括沟施、穴施、辐射状施肥、撒施等施肥方式。果树根系的分布具有向肥性，不同施肥方式会影响植物根系的空间分布以及数量，从而影响对土壤养分的吸收与利用。与此同时，果树不同生育期对营养元素的利用情况也有所差异，施肥方法也应有所不同。

5.8.1　沟施

距离葡萄主干 40～50 cm 外的位置，沿栽植沟挖宽 40～50 cm、深 40～50 cm 的条状沟将肥料施入，具体深度与宽度需因地制宜。采用此种方式施肥操作简单，适宜于宽行密株栽植的果园，便于机械化作业，在大面积施肥时效率极高，但是对果园的要求较高，需地面平坦、条沟作业与流水方便。成年果树施肥多采用沟施（图 5-1）。

图 5-1　温室开沟施肥

5.8.2　穴施

在距离葡萄树干 30～40 cm 位置处，环状挖穴 3～5 个，穴直径 30 cm 左右、穴深 20～30 cm，具体深度与宽度需因地制宜（图

5-2)。采用此种方式操作简单，可减少肥料与土壤的接触面，避免被土壤固定，适用于保水保肥力差的干旱地区施肥，适宜在幼果期和果实膨大期追肥时使用，但是穴施的施肥面积相对较窄，根系对肥料养分的吸收利用会受到限制。

图 5-2　挖穴施肥

5.8.3　辐射状施肥

在距果树主干一定距离处，顺水平根生长方向，呈放射状挖 4～6 条宽 30～40 cm、深 20～50 cm 施肥沟，将肥料施入，具体深度与宽度需因地制宜。采用此种方法可增大肥料与土壤的接触面积，伤根较少，更有利于根系对养分的吸收利用。采用此种施肥方式应隔年隔次更换开沟的位置，并逐年扩大施肥面积，以扩大根系吸收范围。但是开沟较为费时，人工成本较高。

5.8.4　撒施

把肥料均匀撒在葡萄种植沟内，然后把肥料翻入土中，具体深度与宽度需因地制宜，一般翻土深度为 20～30 cm。全园施撒后配合灌溉。此种方法施肥面积大，有利于根系对养分的吸收，适用于成年、密植果园，但是撒施的深度相对较浅，容易诱发果树根系上浮，降低根系的抗逆性。可与其他施肥方式交替施用，充分发挥施肥效益。

5.9　追肥

　　葡萄追肥大致可分为土壤追肥和根外喷肥（图 5-3、图 5-4）。一般以土壤施肥为主，配合叶面喷肥。根外追肥是一种经济有效的施

图 5-3　开槽追肥

图 5-4　穴施追肥

肥方法，一般结合喷药进行，施肥时间一般选择在晴朗的傍晚或早上，特别是在傍晚，因气温较低，溶液蒸发较慢，叶片吸收旺盛，肥料易被吸收进入植株体内，在炎热干燥或多风阴雨的天气不宜喷施，易造成肥料的浪费。据试验表明每年给葡萄喷叶面肥 4～6 次，可增产 18%～25%，含糖量可提高 1.6%～3.4%。葡萄的追肥是根据其生长时期和发育情况来定的，通过适时地补充一些不同性质的肥料，来满足葡萄在各个生长时期对营养元素的要求或者营养元素的缺失。一般在生产中，每年追肥的次数为 2～5 次，最多不超过 5 次。在根系快速活动前（即萌芽期）进行第 1 次追肥，以氮肥为主，适当配施磷钾肥；落花后，幼果开始生长（进入硬核期），可进行第 2 次的追肥，仍以氮肥为主，适当配施磷肥和钾肥；枝条开始老熟，果实开始着色，可进行第 3 次追肥，以磷肥、钾肥为主，适当施氮肥或者不施；果实采收后，为了恢复树势，增加根系营养，抵抗严寒，可进行第 4 次追肥，以氮磷钾肥混合施用，也可不追肥，通过施基肥来补充。葡萄花期主要喷硼肥，植株生长前期以喷施尿素为主，中后期以磷酸二氢钾等为主。

根外追肥可节省肥料、见效快、对肥料的利用率高，操作方便，可作为基肥和追肥的一项补充措施。研究证明，氮肥以尿素、磷肥以磷酸铵、钾肥以磷酸二氢钾最为理想。常用的浓度是尿素 0.2%～0.3%。磷酸铵 1.0%、磷酸二氢钾 0.2%～0.3%。另外还有硼酸、硼砂、磷酸镁、硫酸锌等微量元素肥，浓度为 0.2% 左右。特别指出的是，在开花前 14 天左右，喷施 1 次硼肥，有利于改善花器营养状态可提高坐果率；盛花后期喷施硫酸锌可减轻果实大小粒现象；坐果后至浆果成熟前，喷施磷、钾肥 3～4 次，对提高浆果品质和促进新梢成熟有良好作用。

5.10 温室施肥注意事项

基肥一般采用全园沟施的方法，在距葡萄植株 50 cm 外开沟，沟宽为 40～50 cm，深为 40～50 cm，沟挖好以后，将发酵好的粪肥或者其他有机肥混合施入沟内，也可加入一些肥效较快的无机肥料，如过磷酸钙、硫酸钾、尿素等，表面盖好土，浇一次水，加快肥料的腐熟作用。切忌在有机肥料还没有完全发酵好之前，不要施入沟中，以免造成烧根现象。

在葡萄温室中施肥中要注意以下几点：一是有机肥必须腐熟后方可施用，以避免在温室内施肥后发酵烧伤葡萄根系和产生有毒气体；二是在温室内追肥应以复合肥沟施为主，不应追施硫酸铵、碳酸氢铵等速效氮肥，以免产生有毒气体和施硫酸铵后硫酸根残留在土壤中，引起土壤酸化、板结，造成不良后果，在温室葡萄生长前期追施尿素、硝铵肥料时应注意少量沟施和放风排气；三是在温室葡萄生产中，一般不在土壤中追施氯化铵和氯化钾，以避免氯离子残留在土壤中，引起土壤盐碱化、毒害葡萄；四是追肥后应立即灌水，以免肥料烧伤根系。

科学施肥要根据葡萄园实际情况，合理掌握。土壤肥力差的比土壤肥力好的适当多施，保肥力差的砂性土比保肥好的壤土适当多施，砂性土要增施有机肥料。丘陵、山区的土壤有机质含量较低，保肥性能较差，应重视多施有机肥，无机肥一次用量不宜多。树势生长较弱的园子应比长势生长健旺的园子适当多施，挂果量多的适当增施膨果肥。同一种有机肥料，各地、各农户的肥料质量不同，含氮量不同，要根据肥料质量合理掌握。

第**6**章

葡萄缺素症及防治 ◀◀

6.1 缺氮

当葡萄缺氮时，新梢上部叶片变黄，新生叶片变薄、变小，老叶黄绿带橙色或变成红紫色，新梢节间也会变短，花序纤细，花器分花不良，落花落果严重，甚至提早落叶。针对植株缺氮应适时、适量地追施氮肥，叶面喷 0.3％尿素溶液，3～5 天后即可见效。

6.2 缺磷

葡萄缺磷后叶片变小，叶色暗绿带紫，叶边发红焦枯（图 6-1，图 6-2），花序、果穗变小，果实含糖量降低，着色差，果实成熟期推迟。酸性或碱性土壤中都容易缺磷，注意调节好土壤的酸碱性。低温环境也会影响土壤中磷的释放和抑制葡萄根系对磷的吸收。当生长期缺磷时，叶面可喷施磷素肥料。常用的磷肥有磷酸铵、过磷酸钙、硫酸钾、磷酸二氢钾等。

图 6-1　缺磷前期症状　　　　　　图 6-2　缺磷后期症状

6.3　缺钾

当葡萄缺钾时，枝条中部的叶片扭曲，叶缘和叶脉间失绿变干，并逐渐由边缘向中间枯焦，叶子变脆容易脱落，易出现灼叶现象或叶缘向里卷曲，同时发生褐色斑点并坏死（图 6-3）。缺钾时，果实小，着色不良，产量和品质都下降。当葡萄缺钾时，叶面可喷施 2％草木灰浸出液或 0.2％氯化钾溶液。根外喷 3％草木灰浸出液或氯化钾，对减轻缺钾症状均有很好的效果。

图 6-3　缺钾症状

6.4 缺硼

　　幼叶缺硼会出现油浸状黄斑，中脉木栓化，中脉两边叶形不对称，叶缘有烧斑，老叶发黄，向后卷曲（图 6-4）。花期缺硼，开花授粉受阻、受精不良，坐果率低，之后出现豆粒小果。葡萄缺硼后，枝蔓节间变短、植株短小；副梢生长弱；叶片明显变小、增厚、发脆皱缩，并向外弯曲；叶缘也会出现失绿黄斑，严重时叶缘焦灼，尤为明显的是，开花时花冠不脱落或落花严重，花序干缩，结实不良。一般在开花前 7～10 天喷 0.3% 硼砂溶液或株施 10 g 硼砂进行预防，效果显著。土壤有机质贫乏、速效化肥施用比例失调及强酸性土壤容易造成缺硼。多施有机肥，密切关注土壤酸碱度。关注土壤湿润情况，及时浇水，以免干旱影响根系对硼的吸收，引起缺硼。改良土壤，增施有机肥和含硼的多元复合肥，改善土壤的理化结构。结合秋施基肥，施入硼砂或硼酸，土壤施用硼肥一般每株大树施用硼砂 10～15 g，施后需立即灌水。在开花前一周或发现缺硼，用 0.2% 硼砂溶液喷洒叶面。

图 6-4　缺硼症状

6.5 缺锌

　　锌在植物体内是一些酶的组成成分，具有清除氧自由基，延缓叶片衰老的作用。锌的缺乏会影响葡萄糖的糖酸化，碳水化合物和生长素的新陈代谢等，轻度缺乏会伤害生物膜，严重缺乏会伤害原生质膜。

　　叶缺锌则小而窄，节间很短，叶密集呈莲座状或轮生状，出现无籽小果、畸形果，坐果很少，果粒稀疏，大小粒明显（图6-5）。开花前7～10天喷施0.1‰硫酸锌溶液预防，并限制施用石灰，防止锌在土壤中变成沉积状态不易被根系吸收。适量喷施锌肥，往年缺锌严重的果园，从花前2～3周开始喷施锌肥，开花期2次、落花后1次，或株施30 g锌肥效果较好。

图6-5　缺锌症状

6.6　缺铁

　　铁虽然不是叶绿素组分，但它是叶绿素合成的必需元素，铁对叶绿素合成酶的活化起重要作用，并对叶绿体的构造产生重要影响。

在传统的缺铁诊断中，叶片是缺铁黄化最明显的表现器官，观察叶片是否黄化也是缺铁诊断最方便的方法。

葡萄缺铁易使幼叶失绿，病秧叶片除叶脉保持绿色外，叶会全面黄化，而这时老叶仍为绿色，缺铁严重时，叶面变为象牙色，甚至变为褐色，叶片开始坏死，叶脉呈绿色、叶肉呈黄白色的花叶现象，严重时叶片干焦而脱落（图6-6）。应及时喷施0.2％硫酸亚铁溶液，树干注射的效果更好。早期施基肥时加入铁肥的效果较好，可施入硫酸亚铁。如果发现缺铁，及时用0.1％～0.2％硫酸亚铁溶液喷洒叶面，株施0.3 kg硫酸亚铁即可。

图 6-6　缺铁症状

6.7　缺镁

一般认为，缺镁植物叶绿素含量降低是由于作为叶绿素组成成分的镁的含量不足，导致叶绿素的生物合成受阻所致。镁作为叶绿素的核心元素，其含量的多少直接影响叶绿素的含量和功能，叶绿素含量从一个方面反映了品种的产量潜力。在一定范围内叶绿素含量越高，光合能力越强，增产潜力越大。在叶片中，可溶性糖的含量也能反映作物光合能力和碳水化合物的合成情况。

葡萄缺镁症主要在叶片上表现明显症状，常只有基部叶片发病。初期在叶缘及叶脉产生褪绿黄斑，该黄斑沿叶肉组织逐渐向叶柄方向延伸，且褪绿程度逐渐加重，呈黄绿色至黄白色，形成绿色叶脉与黄色叶肉带相间的"虎叶"状（图6-7）。严重时，脉间黄化条纹逐渐变褐枯死，病叶一般不会早落。缺镁对果粒大小和产量影响不明显，但果实着色差、成熟晚、糖分低、品质下降。缺镁症状与缺铁症状相似，但缺镁病症多发生在生长季后期，特别是在老叶上，而且叶黄白斑从中央向四周扩展。酸性土壤可施适量石灰中和酸，以减少镁的淋失，严重时喷施0.1%硫酸镁。土壤有机肥不足，酸性土壤或钾肥过多容易引起缺镁，注意多施有机肥，密切关注土壤酸碱度情况，钾肥供应不要过量。加强栽培管理，增施腐熟的农家肥及其他有机肥，不要偏施速效肥及钾肥，科学施用微量元素肥料。

图6-7 缺镁症状

酸性土壤上适当施用镁石灰或碳酸镁，中性土壤中施用硫酸镁，补充土壤中有效镁的含量，一般每株沟施200～300 g。

6.8 缺锰

锰作为植物必需的微量元素对植物生长发育起着重要作用。其缺乏或过量都会对植物产生显著的影响。已有的研究结果表明，锰是植物叶绿体的组成成分，缺锰易造成叶绿体对光敏感、结构性变差，充足的锰有利于提高作物的光合能力，促进作物生长发育。

缺锰时，幼叶先表现出褪绿黄化症状，然后叶脉间的组织褪绿黄化（褪绿部分与绿色部分界限不清晰）（图6-8，图6-9）。缺锰应增施优质有机肥，每亩加入硫酸锰 1～2 kg，两者混合做基肥条施或穴施；在葡萄开花前用 0.3％硫酸锰液加 0.15％石灰根外喷施，间隔 7 天再喷 1 次。配制时，先用水使硫酸锰充分溶解，另用少量水使生石灰消解，充分搅拌，然后将以上两种溶液倒在一起搅匀即可喷洒。

图 6-8 缺锰叶面　　　　　　　图 6-9 缺锰叶背

第7章

温室葡萄常见病虫害及防治 ◀◀◀

7.1 温室葡萄常见病害

7.1.1 白粉病

葡萄白粉病现分布于世界所有种植葡萄的国家和地区，造成的危害程度不一，各国均有报道。

1. 发病症状

白粉病病原菌以菌丝体在枝蔓的感病组织内过冬，翌年条件适宜时产生分生孢子，分生孢子借气流传播，侵入寄主组织后，菌丝蔓延于表皮外，以吸器伸入寄主表皮细胞内吸取营养。分生孢子萌发的最适温度为25～28℃，空气相对湿度较低时也能萌发。葡萄白粉菌可以侵染葡萄的叶片、果实及新梢等幼嫩组织。叶片发病时，最初在叶片表面形成白粉病斑块，以后病菌斑变为灰白色（图7-1）。病斑轮廓不整齐，大小不等，整个叶片布满白粉，病叶卷缩枯萎、脱落。果实发病时，初期，褪绿斑上出现黑色星芒状花纹，其上覆盖一层白粉，即病菌的菌丝体、分生孢子梗及分生孢子；后期，病果表面细胞坏死，呈现网状线纹。病果不易增大，着色不正常，后期易开裂。该菌耐干旱、喜弱光。因此，栽植过密、通风透光差的果园发病重，干旱的夏季，闷热、潮湿、多雨的天气有利于病害的大流行。

图 7-1 白粉病

2. 防治方法

发病初期，可用 70％甲基托布津 1 000 倍液或富力库 4 000 倍液，一般每 10 天左右喷 1 次，连喷 2 次，交替用药，有很好的药效。

7.1.2 灰霉病

葡萄灰霉病俗称"烂花穗"，又叫作葡萄灰腐病。葡萄灰霉病是目前世界上发生比较严重的一种病害。发生危害包括 3 个关键时期，即花期、成熟期和贮藏期。

1. 发病症状

若外界温度、湿度适宜，灰霉病原菌通常在花期侵入，花穗多在开花前发病，花序受害初期似被热水烫状，呈暗褐色，感病组织软腐，表面密生灰色霉层，后期被害花序萎蔫，幼果极易脱落（图 7-2）。果实近成熟期和贮藏期出现症状，果实腐烂，出现灰色的霉层，在所有贮藏期发生的病害中，它所造成的损失最为严重（图 7-3）。在早春、低温多雨气候条件下，它也侵染葡萄的幼芽、幼叶和新梢，致使枝条枯死造成损失。感病组织上产生灰色的霉层是识别、判断灰霉病的典型特征。

图 7-2　灰霉病（花序）

图 7-3　灰霉病（果粒）

2. 防治方法

葡萄灰霉病的综合防控必须坚持"预防为主，综合防控"的方针。加强果园管理，提高树体抗病能力是防治的基础，及时清除病原物产生源和传播途径是防治的关键，使用化学药剂杀灭病菌，是防治灰霉病危害的必要措施。

灰霉病化学防治时期要抓住花期前后、封穗期、转色后 3 个关键期，特别是病菌初次侵染前，遇到低温或阴雨天气进行及时的化学防治非常必要。药剂可选用 40％嘧霉胺悬浮剂 800～1 000 倍液、50％腐霉利可湿性粉剂 600 倍液、50％异菌脲可湿性粉剂 500～600 倍液、40％百菌清 500～800 倍液喷施，每隔 10～15 天喷 1 次，一般喷 3～4 次，即可取得良好的防治效果。由于病菌从叶片背面的气孔侵入的特点，因此喷药的重点是叶背。

7.1.3　毛毡病

1. 发病症状

葡萄毛毡病由瘿螨寄生所致，主要危害叶片，严重时也危害嫩梢、幼果、卷须及花梗。叶片受害初期，叶背面产生许多不规则的白色病斑，扩大后叶表面隆起呈泡状（图 7-4），叶背面凹陷处密生一层毛毡状灰白色茸毛，后期斑块逐渐变成褐色，严重时叶片皱缩、变硬、干枯脱落。瘿螨以成螨在芽鳞或枝蔓粗皮缝隙内越冬，翌年春天随着芽的萌动，由芽内转移到嫩叶背面茸毛内潜伏，吸取叶液，刺激叶片产生茸毛，成螨在被害部茸毛里产卵繁殖。此后成螨、若螨在整个生长季同时为害，一般喜在新梢先端嫩叶上为害，严重时扩展到幼果、卷须、花梗上，全年以 5～6 月及 9 月受害较重，秋后，成螨陆续潜入芽内越冬。

图 7-4　毛毡病

2. 防治方法

冬剪后彻底清除园内枯枝、落叶、翘皮，集中烧毁或深埋。在每年葡萄采收后埋土前和葡萄出土后萌芽前，喷施 3～5°Bé 石硫合剂，喷药时做到均匀、细致、全面，可有效杀灭越冬成螨。尽早摘除被害叶片至园外烧毁，以防继续蔓延；数量大时，可喷施 15％哒螨灵 2 000 倍液或 1.8％阿维菌素 3 000 倍液，或 20％三磷锡 2 000倍液喷施。

7.1.4　酸腐病

葡萄酸腐病是真菌、细菌、昆虫三方联合为害的结果。酸腐病主要由酵母菌、醋酸菌醋杆菌属和醋蝇联合侵染所致，属二次侵染病害。

1. 发病症状

该病发生的前提是果实上有伤口，产生伤口的主要原因是裂果和鸟害。因此酸腐病的防治关键是避免果实受伤害。该病主要为害着色期的果实，最早在葡萄封穗后开始危害。发生酸腐病的果穗主要表现为果皮与果肉有明显的分离，伤口漂白，果肉腐烂，果皮内有明显的汁液，到一定程度后，汁液常常外流；果粒有酸味；有粉红色小醋蝇成虫出现在病果周围，并时常有蛆出现（图 7-5）。

图 7-5　酸腐病

2. 防治方法

发病后应立即将发病严重的病穗直接剪入塑料桶带出园外，进行挖坑深埋。发病轻的植株用 80% 波尔多液可湿性粉剂 400 倍液＋2.5% 联苯菊酯乳油剂 1 500 倍液＋50% 灭蝇胺可湿性粉剂 1 500 倍液喷洒病穗。对于套袋葡萄，处理果穗后套新袋，然后全园立即喷 1 次触杀性杀虫剂。可以制作一定数量的糖醋液诱杀成虫，将容器分别挂于田间多个地点，利用醋蝇对糖醋液的趋性，对其进行早期诱杀。对醋蝇的防治目前还是以化学防治为主，生产上选用的农药要高效低毒，如 10% 歼灭乳油 3 000 倍液、80% 敌百虫 800 倍液等。

7.1.5　霜霉病

葡萄霜霉病是一种世界性病害，我国葡萄产区均有分布，是危害最严重的葡萄叶部病害之一，给葡萄生产造成严重的经济损失。

1. 发病症状

葡萄霜霉病主要危害叶片，也侵染新梢、幼果、花穗等绿色幼嫩组织。霜霉病发病初期，叶片上出现半透明、边缘不清晰的油渍状小斑点，然后扩大为黄褐色多角形病斑，并相互联合成大斑（图 7-6）。在潮湿天气下，叶片背面的病斑产生白色霜霉层，即病原菌的孢子囊梗和孢子囊。天气干旱时，病部组织干缩下陷，生长停滞，甚至扭曲或枯死。发病严重时，整个植株叶片枯死脱落。新梢、卷须、穗轴、叶柄发病，开始为水浸状半透明斑点，后发展为凹陷、黄色至褐色病斑，潮湿时病斑上也产生白色霜霉层。幼嫩的果粒高度感病，感染后果色变灰色，表面布满霜霉。

图 7-6　霜霉病

只要条件适宜，在生长期中病菌能不断产生孢子囊进行重复侵染，7～8 月为发病高峰期，雨后闷热天气更容易引起霜霉病突发。生长后期在病部组织中产生卵孢子。该病的发生与降水量有关，低温高湿、通风不良易于病害的流行。果园地势低洼、栽植过密、棚架过低、管理粗放等都容易使园内通风透光不良，果园小气候湿度增加，从而加重病情。施肥不当，偏施或迟施氮肥，造成秋后枝叶繁茂，组织成熟延迟，也会使病情加重。

2. 防治方法

抓住病菌初侵染前的关键时期，喷施第一次药，以后每隔 7～10 天喷一次，连续喷 2～3 次即可。目前能够有效防治葡萄霜霉病的药剂有代森锰锌可湿性粉剂、福美锌可湿性粉剂。此外，霉多克、烯酰吗啉、雷多米尔、普力克、甲基托布津和甲霜灵等有良好的防治效果。

7.2　温室常见虫害

7.2.1　粉虱

1.发病症状

粉虱为刺吸式害虫,成虫和若虫群居于叶片背面而吸食汁液,导致植物营养缺乏,造成叶片褪绿枯萎;还分泌蜜露,诱发煤污病,传播病毒,引发病毒病,严重时可使整株植株死亡(图7-7)。

图 7-7　粉虱

2.防治方法

加强栽培管理,及时中耕除草,及时绑蔓摘心和除副梢,使田间通风透光良好。合理施肥,增强树势,减轻其发生危害。秋天修剪后,清除枯枝落叶并烧毁,减少越冬虫源。田间药剂防治,可喷吡虫啉3 000倍液对各种虫害都有较好的防治效果。

7.2.2　东方盔蚧

1.发病症状

东方盔蚧又叫扁平球坚蚜。东方盔蚧以若虫和成虫群居于枝条上危害,其夏季世代若虫前期先在叶片背面危害,然后回到枝条上。若虫和成虫刺吸枝条的营养,排出无色透明的黏液,由于夏季高温高湿,东方盔蚧的排泄物被腐生菌类寄生繁殖,使得果实、叶片污染成黑色，影响叶片光合作用，造成早期落叶，果实失去商品价值（图 7-8）。

图 7-8　东方盔蚧

2. 防治方法

由于东方盔蚧只有在若虫期可以活动，此时体表背蜡层较薄，到成虫期药剂不能渗透蚧壳，因而防治适期是若虫期。可在葡萄萌芽前用 3～5°Bé 石硫合剂均匀将树体喷施一遍，防治效果在 90% 以上。

7.2.3　红蜘蛛

1. 发病症状

葡萄红蜘蛛危害叶柄、叶片、果穗梗、浆果等。新梢上的所有器官均可被危害。新梢基部被害后，表面呈褐色颗粒状隆起，如癞皮状；果穗梗被害后呈褐色，脆嫩组织容易折断；果粒被害后，呈浅褐色锈斑，以果肩为多，硬化纵裂，果粒腐烂脱落；叶片被害后，逐渐失绿变黄，呈黄红褐色锈斑状，焦枯脱落。影响正常生长发育，造成当年和翌年的严重性减产。葡萄红蜘蛛耐高温，在高温干旱的情况下，繁殖发育最快。5～8 月遇旱灾时，虫害发生严重。高峰期 1 片叶可达 100 多头虫，在 32℃ 时仍危害严重，在高达 35℃ 时自然死亡率上升（图 7-9）。

图 7-9　红蜘蛛

2. 防治方法

注意果园卫生，冬季修剪时，将残枝落叶集中烧毁。生长期抓好早期控制，叶展后注意预报，若有发生，重点药治，用 40％乐果 1 200 倍液或 15％扫螨净乳油 1 500 倍液喷雾。

7.2.4　叶蝉

1. 发病症状

葡萄叶蝉在我国北方葡萄栽培地区危害严重，以成虫和若虫在葡萄叶背面吸取养分，被害叶片表面最初表现苍白色小斑，严重受害后白斑连片，致使叶表面全部苍白提早落叶，影响果实成熟以及芽的正常发育（图 7-10）。成虫及若虫边取食边排泄的蜜露也污染了果实的色泽而降低其品质。若虫种群空间分布和温度变化关系密切。在气温较低时，葡萄叶蝉趋于分布在藤架的中、高部位，随着温度的升高，向中、低部较荫蔽的部位转移。叶蝉若虫 7 月上旬以前，主要分布在中上部叶片。7 月上旬之后，下部叶片上多于中上部叶片。5 月下旬至 6 月上中旬是第 1 代若虫集中发生期，虫口数量相对较少、虫态相对一致，迁移能力远差于成虫，为葡萄叶蝉的防治关键期。

2. 防治方法

利用黄板防治葡萄叶蝉，是一种有效的防治措施。

图 7-10 叶蝉

7.3 温室葡萄生理性病害

7.3.1 葡萄日灼病

1. 发病症状

葡萄日灼病主要发生在葡萄幼果期间，主要发生在果穗向阳面，果粒受害后，被害处发生直径 2～3 mm 大的淡褐色干疤，微凹陷，组织受害处易遭受其他病菌（如炭疽病等）的侵染，是一种典型的外因引起的生理病害（图 7-11）。日灼病的发生是由于果穗缺少荫蔽，在烈日暴晒下，果粒表面局部受高温失水，发生日灼。不同品种间发生日灼的轻重程度有所不同，粒大、皮薄的品种日灼病较重。

2. 防治方法

对易发生日灼病的品种，夏季修剪时，在果穗附近多留叶片

图 7-11 葡萄日灼

以遮盖果穗。

7.3.2　葡萄裂果

1. 发病症状

由于土壤水分和空气湿度强烈变化，前期干旱，成熟期连降大雨容易造成果实裂果（图 7-12）。裂果多从果蒂部产生环状、放射状或纵向裂口，果汁外溢，引起蜂、虫、蝇集于裂口处吮吸果汁，造成果实不能食用。

图 7-12　葡萄裂果

2. 防治方法

干旱时及时灌水，雨后及时排水，减少土壤干湿差。抬高架面，提高果穗离地面的高度。地面覆盖，始终保持土壤湿润。果穗套袋、带"伞"。

第8章

温室葡萄一年两熟技术 ◀◀

8.1 发展概况

葡萄一年两熟栽培，是一项独特的创新技术。葡萄一年两熟栽培技术是指在充分利用当地温光资源的基础上，通过运用该技术促进葡萄二次花芽分化、打破夏季冬芽休眠、结合修剪、控温等先进技术，形成两季葡萄产量。一年两熟的实现既可以提高产量，又能弥补一次果的不足，延长鲜果销售期，对调节葡萄市场供应、拉长产业链等均起到积极作用，还可以创造良好的经济、生态和社会效益。

葡萄一年两熟的报道最早开始于 1936 年的苏联。在印度、泰国、日本等也有研究应用。我国对葡萄一年两熟技术的研究最早开始于 20 世纪 50 年代。我国的应用始于台湾。目前，实现葡萄一年两熟技术主要集中在安徽、广西、浙江、福建等南方地区，而在北方地区则很少有葡萄一年两熟的报道。

年均气温是决定能否发展葡萄一年两熟栽培的关键气象因子。在年均气温 16℃ 以上的南方地区均可进行一年两熟栽培，其中在年均气温 20℃ 以上地区，可进行早熟、中熟品种的两代不同堂一年两熟栽培；在年均气温 17.5～20℃ 的地区，可露地进行早熟品种的两代不同堂一年两熟栽培和中熟品种的两代同堂一年两熟栽培；在年均气温 16～17.5℃ 的地区可进行早熟品种的两代同堂一年两熟栽培。

目前经过研究，在北方地区的温室栽培条件下，即使年均气温仅在 7℃ 左右地区也可进行一年两熟栽培生产。为保障果实的品质与产量，采用的方式都是逼主梢冬芽的方式，不采用利用打破副梢夏芽休眠的方式。北方葡萄一年两熟技术是将促早栽培技术与延迟栽培技术有机结合的综合栽培方式，实现了第一熟在 5—7 月份成熟，第二熟在元旦、春节期间成熟。技术推广后，果农获得了巨大的经济效益。

8.2　技术要点

在温室葡萄促早栽培中，葡萄进入深休眠后，只有休眠解除即满足品种的需冷量后才能开始加温，否则过早加温会引起不萌芽，或萌芽延迟且不整齐，新梢生长不一致，花序退化，浆果产量和品质下降等问题。因此，在促早栽培中，我们常采取一定措施，使葡萄休眠提前解除，以便提早扣棚升温进行促早生产。在生产中常采用人工集中预冷等物理措施和化学破眠等人工技术来达到这一目的。而实现冬芽二次果生产的关键是准确把握促进冬芽花序分化和诱导冬芽萌发的时间和方式。

8.2.1　葡萄休眠

休眠通常是指具有生活力的种子（芽、鳞茎等器官）在适宜的萌发条件下仍不能萌发（发芽）的现象。芽休眠是植物生长发育过程中的一个暂停现象，是一种有益的生物学特性，是植物长期演化获得的一种对环境条件及季节性变化的生物学适应性。休眠不仅可以使果树度过寒冬，而且是落叶果树下一年正常开花结果所必需的一个过程。葡萄的休眠期一般是指秋季落叶后到次年春季树液流动时。而休眠的解除也有低温要求，其中需冷量是制约果树休眠开始和解除的一个重要因子。果树的生理性休眠可经过一定的低温过程自然打破，这种特性称为需冷性。一般情况下，将 7.2℃的温度称为有效的冷温。果树需在此条件下经历若干小时的低温以打破生理性休眠。在北方 11 月或 12 月将温室棉被放下，将温室温度维持在低于 7.2℃的环境，人工创造出葡萄休眠的环境，此时葡萄树体可以带叶休眠。

与传统去叶休眠相比，采取带叶休眠的葡萄植株不仅能提前解除休眠，而且葡萄花芽质量能得到显著改善。在葡萄休眠期间，保持温室内绝大部分时间的气温维持在 5～8℃，一方面使温室内温度保持在利于解除休眠的温度范围内；另一方面避免地温过低，以利于升温时气温与地温协调一致。在满足葡萄品种的需冷量后，可进行葡萄树体的修剪、破眠。一般进行温室葡萄的一年两熟栽培，都在冬芽上进行破眠。葡萄冬芽具有晚熟性，一般在形成当年不萌发，只有在受到外界刺激的情况下才会萌发，如干旱、修剪和药物等。

破眠剂可选用石灰氮或单氰胺，用毛笔蘸取破眠剂并涂抹冬芽，随后进行土壤浇水，满足萌发的条件。萌芽后即可进行常规的管理，但要注意温室日常温度变化，注意白天卷棚升温，下午放棚保温。北方温室葡萄可在 5—7 月实现第一熟。

第二熟开始催芽萌发的时间是在第一茬成熟采摘完 1～2 个月后进行，如 6 月初第一茬温室葡萄果实采摘完后，可在 7 月底或 8 月初进行二茬葡萄树体的修剪与破眠。第二茬可以不进行休眠，直接在第一茬采摘的基础上，利用上茬培养的营养枝进行修剪与破眠。利用冬芽结二次果技术，就是采用"逼冬芽"的方法，迫使冬芽在第一次果实成熟之后萌发，从而延迟二次果的物候期。该方法适宜选用莎巴珍珠、早玛瑙与香妃等生长期较短的葡萄品种。目前逼迫冬芽萌发的方法主要是施用化学药剂和修剪。第二茬冬芽萌芽后，即可进行常规管理。10 月的早霜天气，下午应及时放棚保温。

8.2.2　化学措施打破休眠

打破休眠常用的破眠剂有石灰氮与单氰胺。石灰氮 $Ca(CN)_2$ 在使用时，一般是调成糊状进行涂芽或者经过清水浸泡后取高浓度的上清液进行喷施。为提高石灰氮溶液的稳定性与破眠效果，减少药害的发生，适当调整溶液的 pH 是一种简单可行的方法。在 pH 为 8 时，药剂表现出稳定的破眠效果，且贮存时间可以相应延长。一般认为单氰胺对葡萄的破眠效果比石灰氮更好，目前在葡萄生产中较常用。破眠剂使用的注意事项如下。

①使用时选择晴好天气可降低使用危险性，且提高使用效果。石灰氮或单氰胺等破眠剂处理一般选择晴好天气，气温以 10～20℃ 最佳，气温低于 5℃ 时应取消处理。

②直接用破眠剂喷施休眠枝条不如用毛笔蘸芽效果处理好；蘸芽虽费工，但处理效果好，破眠效果更佳。

③石灰氮或单氰胺均具有一定毒性，接触皮肤后，会造成皮肤脱皮现象。因此在处理或贮藏时应注意安全防护，避免药液同皮肤直接接触，由于其具有较强的醇溶性，所以操作人员应注意在使用前后 1 天不可饮酒。

④破眠剂应放在儿童触摸不到的地方；并在避光干燥处保存，不能与酸或碱放在一起。

8.2.3　科学控温

根据各品种需冷量确定升温时间，待需冷量满足后方可升温。葡萄的自然休眠期较长，一般自然休眠结束多在 12 月初至 2 月中下旬。如果过早升温，葡萄需冷量得不到满足，造成发芽迟缓且不整齐、卷须多、新梢生长不一致、花序退化、浆果产量降低和品质变劣。如果升温过晚，品种成熟期推后，达不到预期的经济效益。在北方地区 12 月至 1 月温室卷帘升温后，要注意天气变化情况，注意白天及时掀棉被升温，下午及时放棉被保温。在 2—4 月，正值北方春季期间，昼夜温差变化幅度较大，应防止中午温室温度过高，以免出现日灼或气灼现象。温室内要及时开风口、风机降温，而下午 3 点至 4 点应及时关风口，放棉被。

温室葡萄一年两熟中的第二熟，修剪与破眠基本在 7 月底至 8 月初进行，葡萄萌芽基本在 8 月中下旬开始，此时应注意温室晚上的保温效果，进入 9—10 月后，下午及时关闭通风口或放棉被，以防晚上低温对葡萄造成冷害。在元旦、春节期间成熟的第二茬葡萄因为要经历北方最寒冷的 11 月、12 月和 1 月，尤其此时会遇到雨雪天，这些恶劣天气对温室葡萄生长影响最大。冬季不加温的温室一定要做好雨雪天温室葡萄的防冻保温工作，及时采取除去温室覆盖冰雪（图 8-1）、检修温室棚膜与棉被（图 8-2）、温室内搭建小拱棚、加挂厚门帘等措施。

图 8-1　除去温室覆盖冰雪

图 8-2　检修温室棚膜与棉被

8.3　实施要点

①注重品种的选择与品种搭配。温室葡萄一年两熟技术是一种高端、高品质的农业技术。用于一年两熟的葡萄首先应具备皮薄、肉脆、粒大、味香、丰产等常规特点，还应具备耐温室弱光、耐高温、对温室栽培环境具有较强的适应性、需冷量较低、连年丰产能力强、经济价值高的品种。由于温室栽培环境与露地栽培环境的差异明显，一些在露地生产中发育正常的生理过程成了温室内制约葡萄顺利生长发育的关键。弱光、低 CO_2 浓度和高温是温室环境的主要影响因子。弱光与低浓度 CO_2 会降低净同化速率，进而可能减少提供给葡萄成花的物质需求。高温能使植株受精作用受阻，降低植株的连年成花能力即连年丰产能力，进而影响生殖生长。因此进行一年两熟葡萄品种筛选的关键是保证选择耐高温、耐弱光、需冷量较低、连年丰产能力强，并对温室栽培环境具有较强的适应性品种。品种搭配可结合极早熟、早熟、中熟、晚熟、极晚熟品种，依靠一年两熟技术，实现地区"四季有果、周年采摘"的景象。

②抓好头季是前提。葡萄一年两熟栽培，互相影响，关联度大。要环环紧扣，合理修剪，适时破眠，科学留芽，调控好营养生长和生殖生长的转换，才能确保成功。一年多次结果其内在基础是要使当年生新梢的冬芽实现花芽分化，再通过适当措施促使其当年萌发，因此要加强葡萄早春管理，尽早缩短萌芽后树体主要依靠上年贮藏营养过渡到主要依靠新生枝叶合成营养的时期，积累更多的有机养分，一方面用于开花坐果，另一方面用于花芽分化。在此基础上，应严格控制产量和叶果比，保持叶片功能和树体活力，为第二季葡萄生产提供良好的基础条件。

③要实现两茬丰产，连年优质稳产，必须科学调控树体营养。要做好两季葡萄的科学施肥，以施用有机肥为主，努力提高土壤有机质含量是保持树体健壮，增强抗病能力，提高果品质量，确保果品安全的基础。注重增施磷钾肥，维持叶片功能和提高植株抗寒能

力，确保两次果实高产优质。尤其是进行一年两熟，葡萄第一熟（图 8-3）结束后，及时开沟施入有机肥搭配氮磷钾肥，以促进树体树势恢复，并为下茬积累营养。光合作用是果树形成产量和品质的唯一途径，而光合作用是一个对外界环境变化十分敏感的生理过程，逆境或者不适合作物生长的环境会使净光合速率降低。在温室条件下，本身覆盖物的遮挡使得温室内光照减弱，影响了果树枝、芽特性及整个树体的生长。加之葡萄的第二熟（图 8-4）在秋冬季光照条件最差的环境下进行，使得葡萄叶片大而薄，光合性能降低。为此，为保障葡萄在秋冬季果实的品质与产量，可在温室内增施 CO_2 气肥来大幅度地提高光能利用率，增加产量，改善品质，并通过喷施尿素增加叶片的含氮量，以提升叶片的光合作用。因此，加强树体营养、延缓叶片衰老是实现葡萄连年丰产的关键。

④针对观光采摘的特点，选用美观、美味且结果特性优良的品种，可以延长观光季节，增加产业效益；结合园地和周边环境，灵活选择栽培架式和整形方式，能突出葡萄的观赏价值，营造文化氛围，增强吸引力，延伸产业链，助农增收。

图 8-3 温室葡萄第一熟（夏季）

图 8-4　温室葡萄第二熟（冬季）

8.4　香味差异分析

8.4.1　葡萄香气物质介绍

植物果实香味是衡量果实品质的一个重要特征，也是吸引顾客购买的一种重要指标。随着人民生活水平的提高，对果实品质的要求也越来越高，如何提高果实香味品质已成为植物栽培工作者的重要任务之一。

葡萄的外观和风味是影响果实品质的最直观因素，并通过果实的色泽和香味反馈。葡萄品质评价包括多个方面，所含的矿物质、维生素、氨基酸等营养成分含量，可溶性固形物含量以及醇类、酯类等形成风味的香气物质含量。不同品种的葡萄所含有的香气物质的种类和含量不同，导致葡萄及葡萄酒的风味和典型特征也出现很大差异。因此，探讨香气品质对于提高果实品质，并对最终提高水果喜好度具有重要意义。香气成分是果实内呈现各种风味的化合物的总称，存在于果实中的香气大约有 2 000 种，根据化学结构（主要是官能团）分为酯类、醛类、醇类、酸类、酚类及一些硫化合物。

8.4.2　影响葡萄香气物质积累的因素

影响葡萄香气的因素有内因与外因两方面，其中内因包括品种、果实成熟度、树龄及砧木；外因方面有环境条件、其他因素等。各种因素之间相互作用，相互影响，使葡萄果实香气组成产生差异，并影响葡萄浆果质量。在葡萄果实中，随着成熟度的增高，绝大多数挥发性芳香物质含量增高，但有些挥发性芳香物质含量则会降低。研究发现，葡萄果实中单萜含量，生长发育前期开始增加，开始成熟时有所下降，然后接着增加，达到最高值后，开始下降。通过对葡萄果实不同采收时期香气组成及含量的了解，确定适时采收时期，可获得香气物质最好的葡萄。

随着葡萄树龄的增加，果实香气物质也会增加。果实品质主要影响因素为根系和树干，树龄增加，根系树干不断生长，树势不断增强，芳香物质会逐年增加。而砧木主要影响接穗品种的营养生长，由于嫁接苗与自根苗根系的差异，会增强或者减弱接穗的生长，进而影响香气物质形成。同时砧木的生长势会影响接穗品质的生长状况，进而影响葡萄品质。除果实品种外，果实成熟度是影响果实香气的另一种重要的因素。

影响葡萄香气物质的环境条件，包括土壤条件及气候条件，其中土壤条件主要包括土壤质地和水肥管理；气候条件主要包括光照、温度和湿度。研究发现，果实芳香物质总量积累和组分与光照的改变密切相关。有些葡萄品种中，单萜含量随着光照的增加而增加。温度对果实香气品质的影响有一定范围，过高与过低的温度都会对葡萄芳香物质的积累产生影响。光照和栽培管理也是影响果实品质的重要因素，如适度的光照也有利于果实香气物质形成，过强或过弱的光照会使果实果香型成分含量减少。葡萄果实中的挥发性芳香物质，还受其他因素的影响，如葡萄栽培模式、生产中的架型与树形及施肥等，这些因素同样影响葡萄果实中芳香物质的形成。

参考文献

[1] 孔庆山.中国葡萄志[M].北京:中国农业科学技术出版社,2004.

[2] 刘凤之.中国葡萄栽培现状与发展趋势[J].落叶果树,2017,49(1):1-4.

[3] 李峰,高丽,王强,等.我国设施葡萄栽培技术研究进展[J].现代农业科技,2015(12):18-119.

[4] 王莉.浙江葡萄二次果栽培关键技术研究[D].杭州:浙江大学,2016.

[5] 赵君全.设施葡萄花芽分化规律及其影响因子研究[D].北京:北京农业科学院,2014.

[6] 谢计蒙.设施葡萄促早栽培适宜品种的评价与筛选[D].北京:中国农业科学院,2012.

[7] 张付春,张新华,潘明启,等.葡萄促成栽培生长表现及其与光合作用的关系[J].新疆农业科学,2014(7):1219-1226.

[8] 杜建厂.葡萄设施栽培及其环境因子相关性研究[D].南京:南京农业大学,2001.

[9] 杨文雄,马承伟.不同覆盖材料对日光温室室内光环境的影响[J].农机化研究,2016(2):145-148.

[10] 王进.葡萄园配方施肥及镉污染植物修复研究[D].成都:四川农业大学,2016.

[11] 周敏.葡萄施肥与负载量对其产量与品质的影响研究[D].长沙：湖南农业大学,2012.

[12] 马振强,贾明方,王金欢,等.磷肥追施时期对'摩尔多瓦'葡萄磷素吸收利用的影响[J].果树学报,2014,31(5):848-853.

[13] 李春辉.施用氮磷钾对藤稔葡萄产量和品质的影响[D].长春：吉林农业大学,2013.

[14] 马晓丽,刘雪峰,杨梅,等.镁肥对葡萄叶片糖、淀粉和蛋白质及果实品质的影响[J].中国土壤与肥料,2018(4):114-120.

[15] 张富民,赖呈纯,潘红,等.葡萄钙素营养需求与施用措施[J].中外葡萄与葡萄酒,2018(5):53-56.

[16] 迟明.不同整形方式对赤霞珠葡萄果实品质的影响[D].杨凌：西北农林科技大学,2014.

[17] 丁双六.延庆县葡萄实用栽培技术[M].北京:中国农业大学出版社,2013:57-60.

[18] 李峰,张会臣,张仲新,等.二氧化碳气肥对温室葡萄的应用效果[J].北方果树,2016(1):11-12.

[19] 王忠跃,褚凤杰,王玉倩,等.河北省鲜食葡萄病虫害防控技术手册[M].北京:中国农业出版社,2013:48.

[20] 李爱娟,马占琼.设施葡萄栽培常见病害鉴别与防治技术[J].果树花卉,2010(7):27-28.